Charles Coulomb

Vier Abhandlungen über die Elektrizität und den Magnetismus 1785-1786

Charles Coulomb

Vier Abhandlungen über die Elektrizität und den Magnetismus 1785-1786

ISBN/EAN: 9783743694927

Hergestellt in Europa, USA, Kanada, Australien, Japan

Cover: Foto ©berggeist007 / pixelio.de

Weitere Bücher finden Sie auf **www.hansebooks.com**

Vier Abhandlungen

über die

ELEKTRICITÄT UND DEN MAGNETISMUS

von

COULOMB.

(1785—1786.)

Uebersetzt und herausgegeben

von

Walter König.

Mit 14 Figuren im Text.

LEIPZIG
VERLAG VON WILHELM ENGELMANN
1890.

Erste Abhandlung
über
die Elektricität und den Magnetismus
von
Coulomb.

(Aus: Histoire et Mémoires de l'Académie royale des sciences, 1785, 569—577).

Mit 5 Figuren im Text.

Construction und Anwendung einer elektrischen Wage, die auf der Eigenschaft der Drähte beruht, eine dem Torsionswinkel proportionale Gegenkraft der Torsion zu besitzen.

Experimentelle Bestimmung des Gesetzes, nach dem die Elemente gleichartig elektrisirter Körper sich gegenseitig abstossen.

[569] In einer der Akademie im Jahre 1784 überreichten Abhandlung habe ich an der Hand des Versuchs die Gesetze der Torsionskraft eines Drahtes bestimmt, und habe gefunden, dass diese Kraft in geradem Verhältniss zum Torsionswinkel und zur vierten Potenz des Durchmessers des Aufhängedrahtes und im umgekehrten Verhältniss zu seiner Länge stand, indem man das Ganze noch mit einem constanten Coefficienten zu multipliciren hatte, der von der Natur des Metalles abhängt und durch den Versuch leicht zu bestimmen ist.

In derselben Abhandlung zeigte ich, dass es mit Hülfe dieser Torsionskraft möglich war, sehr geringfügige Kräfte mit Genauigkeit zu messen, wie z. B. ein Zehntausendstel eines Grans [1]) [0,005 cm. gr. sec.$^{-2}$]. Auch habe ich in derselben Abhandlung eine erste Anwendung dieser Theorie ergeben, indem ich in der Formel, welche die Reibung der Oberfläche eines festen, in einer Flüssigkeit bewegten Körpers ausdrückt, die constante, der Adhäsion zugeschriebene Kraft zu berechnen suchte.[2]

Ich lege heute der Akademie eine nach denselben Principien construirte elektrische Wage vor; [570] sie misst mit der grössten Genauigkeit den elektrischen Zustand und die elektrische Kraft eines Körpers, wie gering auch der Grad der Elektrisirung sei.

Construction der Wage.

Obwohl mich die Erfahrung belehrt hat, dass für die bequeme Ausführung mehrerer elektrischer Versuche an der ersten Wage dieser Art, die ich habe anfertigen lassen, einige Mängel verbessert werden müssen, will ich sie dennoch beschreiben, weil sie bis jetzt die einzige ist, deren ich mich bedient habe; doch bemerke ich, dass ihre Form und ihre Grösse verändert werden können und müssen je nach der Natur der Versuche, die man anzustellen beabsichtigt. Die erste Figur stellt perspektivisch diese Wage dar, deren Einzelheiten folgende sind.

Auf einen Glascylinder $ABCD$ von 12 Zoll [32,48 cm] Durchmesser und 12 Zoll Höhe legt man eine Glasplatte von 13 Zoll Durchmesser, die das Glasgefäss vollkommen bedeckt; in diese Platte sind zwei Löcher von ungefähr 20 Linien [4,51 cm] Durchmesser gebohrt, das eine in der Mitte, in f; über ihm erhebt sich eine Glasröhre von 24 Zoll [64,97 cm] Höhe; diese Röhre ist auf dem Loche f festgekittet mit dem bei den elektrischen Apparaten gebräuchlichen Kitt; an dem oberen Ende der Röhre in h ist ein Torsionsmikrometer angebracht, das man in seinen Einzelheiten in der Figur 2 erblickt. Der obere Theil, Nr. 1, trägt den Knopf b, den Index io und die Aufhänge-Klemme q; dieses Stück passt in das Loch G des Stückes Nr. 2; dieses Stück, Nr. 2, besteht aus einem Kreise ab, dessen Rand in $360°$ getheilt ist, und aus einer kupfernen Röhre Φ, welche in die Röhre H, Nr. 3, hineinpasst; letztere ist in das Innere des oberen Endes der Glasröhre fh der Figur 1 eingekittet. Die Klemme q, Fig. 2, Nr. 1, hat fast die Form des Endes einer starken Reissfeder, die mittelst des Ringes q zusammengepresst werden kann; in die Zange dieser Reissfeder ist das Ende eines sehr feinen Silberdrahtes eingeklemmt; das andere Ende des Silberdrahtes steckt (Fig. 3) in P in der Klemme eines Cylinders Po von Kupfer oder Eisen, [571] dessen Durchmesser kaum eine Linie

[0,22 cm] beträgt, und dessen Ende P gespalten ist und eine Zange bildet, welche mittelst des Schieberinges Φ zusammengepresst wird. Dieser kleine Cylinder hat in C eine Verdickung mit einer Durchbohrung, in die sich die Nadel ag (Fig. 1) hin-

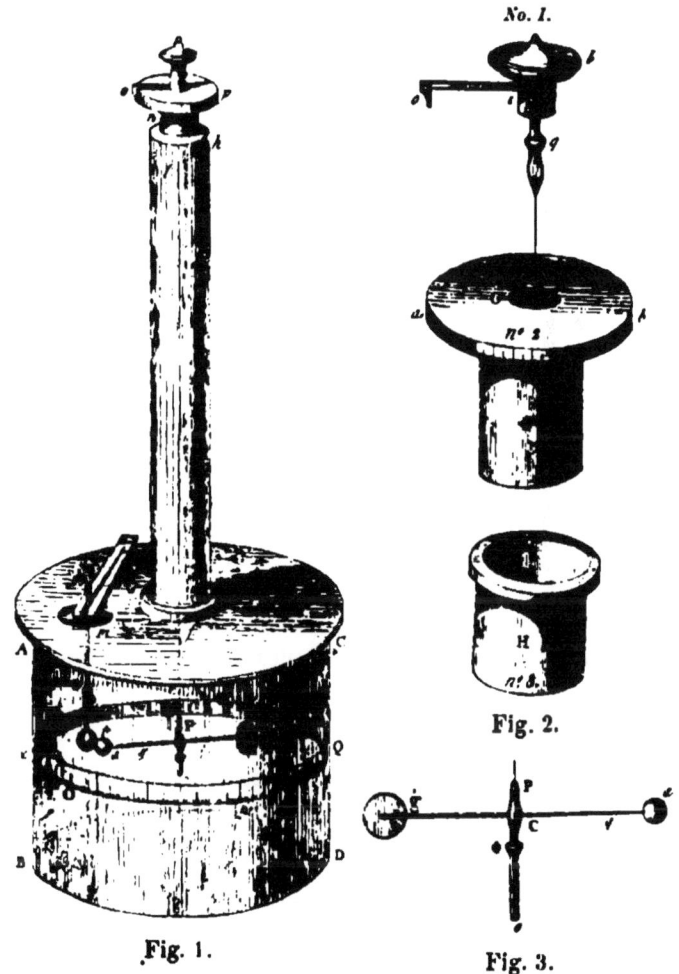

Fig. 1. Fig. 2. Fig. 3.

einschieben lässt: das Gewicht dieses kleinen Cylinders muss gross genug sein, um den Silberdraht zu spannen, ohne ihn zu zerreissen. Die Nadel, welche man (Fig. 1) in ag etwa in der halben Höhe des grossen Gefässes, das sie umgiebt, horizontal aufgehängt sieht, besteht entweder aus einem mit Siegellack überzogenen Seidenfaden, oder aus einem ebenfalls mit Siegellack überzogenen Strohhalm, und trägt von q bis a. auf 18 Linien [4,06 cm] Länge, eine cylindrische Fortsetzung von Schellack: am Ende a dieser Nadel befindet sich eine kleine Kugel von Hollundermark von zwei bis drei Linien [0,45—0,68 cm] Durchmesser: in g eine kleine verticale Scheibe von Papier, das mit Terpentin getränkt ist, welche der Kugel a als Gegengewicht dient und die Schwingungen dämpft.

Wir sagten, dass der Deckel AC von einem zweiten Loche in m durchbohrt ist; in dieses zweite Loch führt man einen kleinen Cylinder $m\Phi t$ ein, dessen unterer Theil Φt aus Schellack besteht; in t befindet sich gleichfalls eine Hollundermark-Kugel; um das Gefäss herum, in der Höhe der Nadel, ist ein in 360 Grade getheilter Kreis zQ aufgetragen: der grösseren Einfachheit halber bediene ich mich eines in 360^0 getheilten Papierstreifens, den ich in der Höhe der Nadel um das Gefäss herum klebe.

Zum Beginn der Hantirung mit diesem Instrumente stelle ich den Deckel so ein, dass das Loch m ungefähr dem ersten Theilstrich oder dem Punkte 0 der Kreistheilung zOQ auf dem Gefässe entspricht. Ich stelle den Index oi des Mikrometers auf den Punkt 0 oder den ersten Theilstrich dieses Mikrometers; ich drehe darauf das ganze Mikrometer in der senkrechten Röhre fh, bis man beim Visiren durch den senkrechten Draht, der die Nadel trägt, und durch den Mittelpunkt der Kugel die Nadel ag auf den ersten Theilstrich des Kreises zOQ einspielen sieht. Ich führe darauf durch das Loch m die andere, am Drahte $m\Phi t$ befestigte Kugel t so ein, dass sie die Kugel a berührt, und dass man beim Visiren durch den Mittelpunkt [572] des Aufhängedrahtes und die Kugel t auf den ersten Theilstrich 0 des Kreises zOQ trifft. Die Wage ist nun bereit für alle Operationen; wir wollen als Beispiel derselben das Verfahren schildern, dessen wir uns bedient haben, um das Grundgesetz, nach dem die elektrisirten Körper sich abstossen, zu ermitteln.

Grundgesetz der Elektricität.

Die abstossende Kraft zweier kleiner, gleichartig elektrisirter Kugeln steht in umgekehrtem Verhältniss zum Quadrat des Abstandes der Mittelpunkte der beiden Kugeln.

Experiment.

Man elektrisirt (Fig. 4) einen kleinen Conductor, der nichts anderes ist als eine Stecknadel mit grossem Kopf, welche dadurch isolirt ist, dass ihre Spitze in das Ende eines Siegellackstäbchens eingedrückt ist; man steckt diese Nadel

Fig. 4.

durch das Loch m und bringt sie mit der Kugel t in Berührung, die ihrerseits die Kugel a berührt; beim Zurückziehen der Nadel besitzen die beiden Kugeln eine gleichartige elektrische Ladung und stossen einander ab bis in eine Entfernung, die man misst, indem man durch den Aufhängedraht und den Mittelpunkt der Kugel a nach dem entsprechenden Theilstrich des Kreises zOQ visirt; indem man darauf den Index des Mikrometers in dem Sinne puo dreht, tordirt man den Aufhängedraht lP und erzeugt eine dem Torsionswinkel proportionale Kraft, welche die Kugel a der Kugel t zu nähern sucht. Man beobachtet nach diesem Verfahren die Entfernung, bis zu der verschiedene Torsionswinkel die Kugel a nach der Kugel t hin zurückführen, und indem man die Torsionskräfte mit den entsprechenden Entfernungen der beiden Kugeln vergleicht, erhält man das Gesetz der Abstossung.

Ich werde hier nur einige Versuche anführen, die leicht zu wiederholen sind, und die das Gesetz der Abstossung sofort erkennen lassen.

Erster Versuch: Nach Elektrisirung der beiden Kugeln mittelst des [573] Stecknadelkopfes hat sich die Kugel a der Nadel von der Kugel t um 36^0 entfernt, während der Index des Mikrometers auf 0 steht.

Zweiter Versuch: Nachdem der Aufhängedraht mittelst des Knopfes o des Mikrometers um 126^0 gedreht worden ist, haben sich die beiden Kugeln bis auf einen schliesslichen Abstand von 18^0 einander genähert.

Dritter Versuch: Nach Torsion des Aufhängedrahtes um 567° haben sich die beiden Kugeln bis auf 8½° genähert.

Erklärung und Ergebniss dieses Experiments.

Solange die Kugeln noch nicht elektrisirt sind, berühren sie sich, und der Mittelpunkt der an der Nadel befestigten Kugel a ist von dem Punkte, in welchem die Torsion des Aufhängedrahtes Null ist, nur um die Hälfte der Durchmesser der beiden Kugeln entfernt. Es muss bemerkt werden, dass der Silberdraht lP, der die Aufhängung bildete, 28 Zoll [75,80 cm] Länge hatte, und so fein war, dass ein Fuss von diesem Draht nur $1/16$ Gran [1 m : 0,01 gr] wog. Indem ich die Kraft berechnete, deren es bedurfte, um diesen Draht zu tordiren, wenn man sie im Punkte a, der vier Zoll [10,83 cm] von dem Drahte lP oder dem Aufhängungsmittelpunkte entfernt ist, angreifen lässt, fand ich mittelst der Formeln, die in einer im Jahrgange 1784 der Akademie gedruckten Abhandlung über die Gesetze der Torsionskraft der Drähte auseinandergesetzt sind, dass man, um diesen Draht um 360° zu tordiren, nur eine Kraft von $1/340$ Gran [0,153 cm gr sec^{-2}] im Punkte a, wirkend am Hebelarme aP von vier Zoll Länge anzuwenden braucht: da nun die Torsionskräfte, wie in jener Abhandlung bewiesen ist, sich wie die Torsionswinkel verhalten, so entfernte die geringste abstossende Kraft zwischen den beiden Kugeln sie beträchtlich von einander.

Wir finden bei unserm ersten Versuche, bei dem der Index des Mikrometers auf dem Punkte 0 steht, dass die Kugeln einen Abstand von 36° haben, was zu gleicher Zeit eine Torsionskraft von 36° = $1/3400$ Gran bewirkt; beim [**574**] zweiten Versuch beträgt der Abstand der Kugeln 18°, aber da man das Mikrometer um 126° gedreht hat, so folgt daraus, dass bei einem Abstande von 18° die abstossende Kraft 144° betrug: also ist bei der Hälfte der ersten Entfernung die Abstossung der Kugeln viermal so gross.

Bei dem dritten Versuche hat man den Aufhängedraht um 567° tordirt, und die beiden Kugeln befanden sich nur noch in 8½° Entfernung. Die gesammte Torsion betrug folglich 576°, viermal so viel, wie die des zweiten Versuches, und es fehlte nur ein halber Grad, damit die Entfernung der beiden Kugeln bei diesem dritten Versuche gerade auf die Hälfte derjenigen des zweiten Versuches zurückgeführt wäre. Es geht also aus diesen drei Versuchen hervor, dass die abstossende Wirkung.

welche zwei gleichartig elektrisirte Kugeln auf einander ausüben, dem umgekehrten Verhältniss des Quadrats der Entfernungen folgt.

Erste Anmerkung.

Wenn man das vorstehende Experiment wiederholt, so wird man bemerken, dass bei Verwendung eines so feinen Silberdrahtes, wie wir ihn angewandt haben, der für eine Torsion um einen Winkel von 5^0 nur eine Kraft von ungefähr ein 24 Tausendstel Gran [$0,002$ cm gr sec $^{-2}$] verlangt, die natürliche Lage der Nadel, bei der die Torsion Null ist, nur auf ungefähr 2 oder 3^0 bestimmt werden kann, wie ruhig auch die Luft sei und welche Vorsichtsmaassregeln man treffe. Daher muss man, um einen ersten Versuch zu haben, den man mit den folgenden vergleichen kann, nach der Elektrisirung der beiden Kugeln den Aufhängedraht um 30 bis 40^0 tordiren, was zusammen mit dem Abstande der beiden beobachteten Kugeln eine hinreichende Torsionskraft ergeben wird, damit die 2 oder 3^0 Unsicherheit in der Anfangslage der Nadel, in der die Torsion Null ist, keinen merklichen Fehler in den Ergebnissen hervorrufen. Es muss ferner bemerkt werden, dass der Silberdraht, dessen ich mich bei diesem Experiment bedient habe, so fein ist, dass er bei der geringsten Erschütterung reisst; ich habe in der Folge gefunden, dass es bequemer ist, [575] bei den Versuchen einen Aufhängedraht von fast doppelt so grossem Durchmesser anzuwenden, obwohl seine Torsionsfähigkeit vierzehn- bis fünfzehnmal geringer war, als die des ersten. Man muss Sorge tragen, diesen Silberdraht vor dem Gebrauch zwei oder drei Tage lang mit einem Gewicht gespannt zu halten, welches ungefähr die Hälfte von demjenigen beträgt, das er tragen kann, ohne zu reissen; auch ist zu bemerken, dass man bei Anwendung dieses letzteren Silberdrahtes ihn niemals über 300^0 hinaus tordiren darf, weil er nach Ueberschreiten dieser Torsionsgrenze anfängt hart zu werden [s'écrouir] und nur noch mit einer Kraft reagirt, die kleiner als der Torsionswinkel ist, wie wir es in der bereits genannten, 1784 gedruckten Abhandlung bewiesen haben.

Zweite Anmerkung.

Die Elektricität der beiden Kugeln vermindert sich ein wenig während der Dauer des Versuchs; ich habe gefunden, dass an dem Tage, an dem ich die vorstehenden Versuche ausgeführt habe, die elektrisirten Kugeln, während sie sich infolge ihrer

Abstossung in 30° Entfernung von einander befanden, bei einem Torsionswinkel von 50° sich um einen Grad in drei Minuten näherten; da ich aber nur zwei Minuten brauchte, um die obigen drei Versuche auszuführen, so kann man bei diesen Experimenten den Fehler vernachlässigen, der aus dem Elektricitätsverluste entspringt. Wenn man eine grössere Genauigkeit wünscht oder wenn die Luft feucht ist und die Elektricität sich schnell verliert, so muss man durch einen Vorversuch den Abfluss oder die Verminderung[3] der elektrischen Wirkung der beiden Kugeln in jeder Minute bestimmen und sich später dieser ersten Beobachtung bedienen, um die Ergebnisse der Versuche, die man an jenem Tage angestellt hat, zu verbessern.

Dritte Anmerkung.

Der Abstand der beiden Kugeln, wenn sie sich in Folge ihrer gegenseitigen abstossenden Wirkung von einander entfernt haben, wird genau gemessen nicht durch den Winkel, den sie bilden, sondern durch die Sehne des Bogens, der ihre Mittelpunkte verbindet; [576] ebenso wie der Hebelarm, an dessen Ende die Wirkung angreift, nicht durch die halbe Länge der Nadel oder durch den Radius gemessen wird, sondern durch den Cosinus der Hälfte des Winkels zwischen den beiden Kugeln; diese beiden Grössen, deren eine kleiner ist als der Bogen und folglich den durch den Bogen gemessenen Abstand vermindert, während die andere den Hebelarm verkleinert, gleichen sich einigermaassen aus; und man kann sich bei Versuchen von der Art derjenigen, mit denen wir beschäftigt sind, ohne merklichen Fehler mit der Berechnung, die wir gegeben haben, begnügen, wenn der Abstand der beiden Kugeln 25 bis 30° nicht überschreitet: andernfalls muss man die Berechnung streng durchführen.[4]

Vierte Anmerkung.

Da die Erfahrung lehrt, dass man in einem wohl verschlossenen Zimmer mit dem ersten Silberdraht die Nulllage der Nadel bis auf ungefähr 2 oder 3° bestimmen kann, was nach der Berechnung der den Torsionswinkeln proportionalen Torsionskräfte eine Kraft von höchstens einem 40 Tausendstel Gran 0,0013 cm gr sec^{-2}] ergiebt, so werden sich die schwächsten Grade der Elektrisirung leicht mit dieser Wage messen lassen. Um dies zu bewerkstelligen, steckt man (Fig. 5) durch einen

Siegellack-Stöpsel einen kleinen Kupferdraht cd, welcher in c in einen Haken und in d in eine kleine vergoldete Hollundermarkkugel endet, und setzt den Stöpsel A in das Loch m der Wage Fig. 1 derart ein, dass der Mittelpunkt der Kugel d beim Visiren durch den Aufhängedraht auf den Nullpunkt des Kreises zOQ fällt; nähert man darauf einen elektrisirten Körper dem Haken c, so zeigt, wie gering auch die Elektrisirung dieses Körpers sei, die Kugel a dadurch, dass sie sich von der Kugel d entfernt, die Elektrisirung an und der Abstand der beiden Kugeln misst ihre Stärke, nach dem Grundsatz vom umgekehrten Verhältniss des Quadrats der Entfernungen.

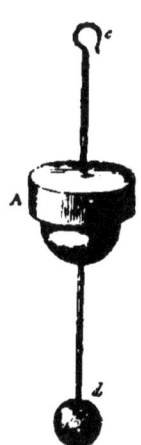

Fig. 5.

Aber ich muss als vorläufige Mittheilung gleich hinzufügen, dass ich seit jenen ersten Versuchen verschiedene kleine Elektrometer [577] nach denselben Grundsätzen der Torsionskraft habe herstellen lassen, indem ich mich als Aufhängefadens eines Seidenfadens, so wie er sich vom Cocon abwickelt, oder eines Angoraziegenhaares bediente. Eines dieser Elektrometer, welches beinahe dieselbe Form wie die in dieser Abhandlung beschriebene elektrische Wage hat, ist viel kleiner; es hat nur 5 bis 6 Zoll [14 bis 16 cm] Durchmesser, eine Röhre von einem Zoll [2,71 cm]; die Nadel ist ein kleiner Schellackfaden von 12 Linien [2,71 cm] Länge, der in a eine kleine, sehr leichte Scheibe von Rauschgold trägt; die Nadel und das Rauschgold wiegen ungefähr ein Viertel Gran [0,013 g]; der einem Cocon entnommene Aufhängefaden von 4 Zoll [10,8 cm] Länge besitzt eine solche Torsionsfähigkeit, dass es bei einem Hebelarm von einem Zoll [2,71 cm] nur eines 60 Tausendstel Grans [0,0009 cm gr sec^{-2}] bedarf, um ihn um einen ganzen Kreisumfang oder um 360° zu tordiren; wenn man bei diesem Elektrometer eine durch Reibung elektrisirte, gewöhnliche Siegellackstange dem Haken C der Fig. 5 bis auf 3 Fuss [97 cm] Entfernung nähert, so wird die Nadel auf mehr als 90° abgestossen. Wir werden in der Folge diese Elektrometer genauer beschreiben, wenn es sich darum handeln wird, die Natur und den Grad der Elektrisirung verschiedener Körper zu bestimmen, welche durch Reibung an einander einen sehr schwachen Grad von Elektrisirung annehmen.

Zweite Abhandlung
über
die Elektricität und den Magnetismus,

in der ermittelt wird, nach welchen Gesetzen sowohl die abstossende wie die anziehende Wirkung des magnetischen und des elektrischen Fluidums vor sich geht.

Von
Coulomb.

(Aus: Histoire et Mémoires de l'Académie royale des sciences, 1785. 578—611).

Mit 6 Figuren im Text.

---

[578] Da die elektrische Wage, die ich im Juni 1785 der Akademie vorgelegt habe, mit Genauigkeit und in einfacher und direkter Weise die Abstossung zweier Kugeln, die eine gleichartige Elektrisirung besitzen, zu messen gestattet, so war es leicht durch Anwendung dieser Wage zu beweisen, dass die abstossende Kraft zweier gleichartig elektrisirter und in verschiedenen Abständen befindlicher Kugeln sehr genau dem umgekehrten Verhältniss des Quadrats der Abstände entspräche: als ich mich aber desselben Mittels bedienen wollte, um die anziehende Kraft zweier mit entgegengesetzter Elektricität geladenen Kugeln zu bestimmen, stiess ich bei Benutzung dieser Wage zur Messung der Anziehung der beiden Kugeln auf eine Unbequemlichkeit in der Anwendung, welche bei der Messung der Abstossung nicht eintritt. Diese praktische Schwierigkeit liegt darin, dass, wenn sich die beiden Kugeln in Folge ihrer Anziehung nähern, die Anziehungskraft, welche, wie wir sogleich sehen werden, im umgekehrten Verhältniss des Quadrats der Entfernungen zunimmt, oft in stärkerem Maasse wächst, als die Torsionskraft, die nur zunimmt pro-

Coulomb. Ueber die Elektricität und den Magnetismus. 13

portional dem Torsionswinkel, so dass es erst nach vielen vergeblichen Versuchen gelingt zu verhindern, dass sich die Kugeln in Folge ihrer Anziehung berühren, wenn man nicht ein idioelektrisches [5]) Hinderniss der [579] Bewegung der Nadel entgegenstellt; da aber unsere Wage oft dazu bestimmt ist, Wirkungen, die kleiner als ein Tausendstel Gran [0,05 cm gr sec $^{-2}$] sind, zu messen, so beeinträchtigt die Cohäsion zwischen der Nadel und diesem Hinderniss die Ergebnisse und zwingt zu einem Hin- und Herprobiren, während dessen ein Theil der Elektricität verloren geht.

Die Fig. 1 und die nachfolgende Rechnung werden erkennen lassen, worin die Schwierigkeiten des Verfahrens bestehen, und werden zu gleicher Zeit die Grenzen zeigen, in welche man die Versuche einschliessen muss, um ihres Erfolges sicher zu sein.

Es sei $a\,c\,a'$ die natürliche Lage der Nadel, wenn der Aufhängefaden noch nicht tordirt ist; a stellt die Hollundermark-Kugel vor, welche an der aus idioelektrischem Stoffe bestehenden Nadel $a\,a'$ befestigt ist: b ist die im Loch der Wage angebrachte Kugel. Elektrisirt man die beiden Kugeln, die eine mit sogenannter positiver, die andere mit sogenannter negativer Elektricität, so werden sie sich gegenseitig anziehen; indem die Kugel a der Nadel sich der Kugel b zu nähern sucht, wird sie die Lage $\varPhi\,c\,\varPhi'$ einnehmen; diese Lage wird derart sein, dass die Gegenkraft der Torsion, dargestellt durch den Winkel $a\,c\,\varPhi$, um den der Aufhängefaden tordirt worden ist, der anziehenden Kraft der beiden Kugeln gleich sein wird; und wenn diese anziehende Kraft dem umgekehrten Verhältniss des Quadrats der Entfernungen proportional ist, wie wir es in unsrer ersten Abhandlung für die abstossende Kraft gefunden haben, so würde man, indem man $a\,b = a$, $a\,\varPhi = x$, $D =$ dem Product der elektrischen Masse der beiden Kugeln setzte und die Bogen a und x hinreichend klein nähme, um sie als Maass des Abstandes der beiden Kugeln benutzen zu können (andernfalls müsste man die Sehne dieses Bogens für die Entfernung und den Cosinus des halben Bogens für den Hebelarm einsetzen); man würde, sage ich, nach diesen Voraussetzungen für das Gleichgewicht zwischen der Anziehung der beiden Kugeln und der Rückwirkung der Torsion die Formel haben:

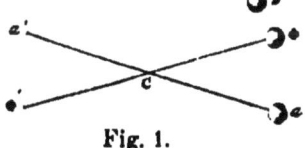

Fig. 1.

$$nx = \frac{D}{(a-x)^2}$$

oder $D = nx(a-x)^2$; daraus folgt, dass, wenn $x = a$ oder 0, der Werth von D Null sein wird, dass es also einen Punkt Φ zwischen a und b giebt, in dem die Menge D ein Maximum ist: [580] die Rechnung ergiebt für diesen Punkt $x = \frac{1}{3}a$. Setzt man diesen Werth von x in die Formel ein, welche D für den Fall des Gleichgewichtes darstellt, so erhält man $D = \frac{4}{27}na^3$; so oft demnach D grösser sein wird als $\frac{4}{27}na^3$, wird es zwischen a und b keine Lage Φ geben, in der die Nadel im Gleichgewicht bleiben kann, und die Kugeln werden sich nothwendigerweise berühren; aber man muss beachten, dass in der Praxis, auch wenn D kleiner als $\frac{4}{27}na^3$ ist, die Kugeln oft zusammenlaufen, weil die Torsionsfähigkeit der Nadelaufhängung der Nadel zu schwingen gestattet und weil nach Ueberschreiten von $\frac{1}{3}a$ die Anziehungskraft in stärkerem Maasse zunimmt als die Torsionskraft, sodass, wenn die Kugel Φ in Folge der Amplitude ihrer Schwingung in eine Entfernung x kommt, für die D grösser ist als $nx(a-x)^2$, die beiden Kugeln fortfahren sich zu nähern, bis sie sich berühren.

Durch Berücksichtigung dieser Ueberlegung ist es mir gelungen die anziehende Kraft der beiden elektrisirten Kugeln in verschiedenen Entfernungen mit der Torsionskraft meines Mikrometers ins Gleichgewicht zu bringen; aus der Vergleichung der verschiedenen Versuche habe ich sodann den Schluss gezogen, dass die anziehende Kraft der beiden Kugeln, deren eine mit sogenannter positiver, deren andere mit sogenannter negativer Elektricität geladen ist, dem Quadrat der Abstände der Mittelpunkte dieser beiden Kugeln umgekehrt proportional ist, dieselbe Beziehung, wie sie bereits für die abstossende Kraft gefunden worden ist.

Um dieses Ergebniss sicher zu stellen, habe ich für den Fall der Anziehung ein anderes Verfahren versucht, das, wenn auch weniger einfach und weniger direkt als das erste, doch weniger Sorgfalt und weniger Vorsichtsmaassregeln für sein Gelingen erfordert; es hat zudem den scheinbaren Vortheil, dass man Versuche mit Kugeln von sehr grossem Durchmesser anstellen kann, während man in der Wage nur mit wenig umfangreichen Kugeln arbeiten kann, aber dieser Vortheil ist nur scheinbar, und man wird in der Folge in den verschiedenen Abhandlungen, welche ich nach einander der Akademie vorlegen werde, sehen, dass man mit Kugeln von 2 oder 3 Linien Durchmesser [0,45—0,68 cm] und mittelst der Wage, in der Gestalt [581] wie wir sie in unserer ersten Abhandlung beschrieben haben, nicht nur die ganze Masse des in einem Körper von beliebiger Gestalt enthaltenen elektrischen Fluidums, sondern auch noch die elektrische Dichtigkeit jedes Theiles dieses Körpers messen kann.

Zweite Versuchsmethode, um das Gesetz zu bestimmen, nach dem eine Kugel von ein oder zwei Fuss Durchmesser einen kleinen Körper anzieht, der eine der ihrigen entgegengesetzte elektrische Ladung besitzt.

Die Methode, die wir befolgen werden, ist derjenigen analog, welche wir im siebenten Bande der Savants étrangers angewandt haben, um die magnetische Kraft eines Stahlstabes in Bezug auf seine Länge, Dicke und Breite zu bestimmen.[6]) Sie besteht darin, eine Nadel wagerecht aufzuhängen, die nur an ihrem Ende elektrisirt ist, und welche, einer entgegengesetzt elektrisirten Kugel in einer gewissen Entfernung gegenübergestellt, angezogen wird und unter der Einwirkung dieser Kugel schwingt: man berechnet sodann aus der Anzahl der Schwingungen in einer gegebenen Zeit die anziehende Kraft in verschiedenen Entfernungen, wie man die Schwerkraft durch die Schwingungen des gewöhnlichen Pendels bestimmt.

Es seien einige Beobachtungen angeführt, welche uns bei den unten folgenden Versuchen geleitet haben. Ein Seidenfaden, wie er vom Cocon gewonnen wird, und der bis zu 80 Gran [4,25 gr] tragen kann, ohne zu reissen, hat eine solche Torsionselasticität, dass, wenn man an einem solchen Faden von 3 Zoll [8,12 cm] Länge wagerecht im leeren Raume eine kleine kreisförmige Scheibe von bekanntem Gewicht und Durchmesser aufhängt, man aus der Schwingungsdauer der kleinen Scheibe findet, nach den Formeln, die in einer im Jahrgange 1784 der Akademie gedruckten Abhandlung über die Torsionskraft auseinandergesetzt sind, dass es meistens nur einer Kraft von einem Sechzigtausendstel Gran [0,0009 cm gr sec^{-2}] bedarf, um bei einem Hebelarm von 7 bis 8 Linien [1,8 cm] Länge die Seide um ihre Aufhängungsaxe um einen ganzen Kreisumfang zu tordiren; [582] und wenn der Seidenfaden die doppelte oder 6 Zoll [16,24 cm] Länge hat, so bedarf es nur eines Hundertzwanzigtausendstel Grans [0,0004 cm gr sec^{-2}]. Nunmehr denke man sich an dieser Seide wagerecht eine Nadel aufgehängt und diese Nadel zur Ruhe gekommen oder die Seide gänzlich detordirt.

Wenn man diese Nadel mittelst irgend einer Kraft Schwingungen ausführen lässt, deren Amplitude sich nicht weiter als 20 bis 30° von der Nulllinie entfernt, so wird die Torsionskraft die Dauer der Schwingungen nur in unmerklicher Weise beeinflussen können, selbst wenn die Kraft, welche die Schwingungen hervorruft, nur ein Hundertel Gran [0.52 cm gr sec $^{-2}$] betragen würde. Dies vorausgeschickt, sehen wir zu, wie man es anfängt, um das Gesetz der elektrischen Anziehung zu bestimmen.

Man hängt Fig. 2, eine Schellack-Nadel lg an einen Seidenfaden sc von 7 bis 8 Zoll [19—21,6 cm] Länge, aus einer einzigen Faser, wie er vom Cocon kommt; an dem Ende l befestigt man senkrecht zu dieser Nadel[7]) einen kleinen Kreis von 8 bis

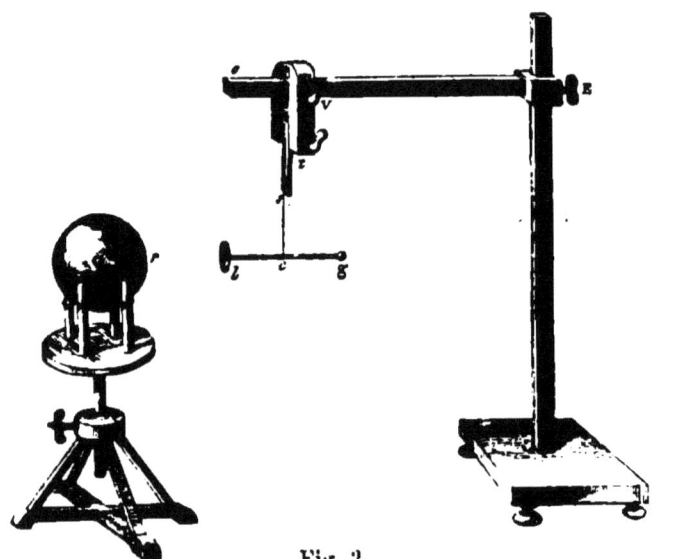

Fig. 2.

10 Linien [1,8—2,2 cm] Durchmesser, der sehr leicht und aus einem Blatte Goldpapier geschnitten ist; der Seidenfaden ist in s an das untere Ende eines kleinen Holzstabes st befestigt, der im Ofen getrocknet und mit Schellack oder Siegellack überzogen ist; dieser Stab wird in t von einer Zwinge gehalten, welche sich an dem Balken oE verschieben und nach Belieben mittelst der Schraube v festklemmen lässt.

G ist eine Kugel von Kupfer oder von Pappe, die mit Zinnfolie bedeckt ist; sie ruht auf vier Glaspfeilern, die mit Siegellack überzogen sind, und die, um die Isolation vollkommener zu machen, oben in Siegellackstäbe von 3 bis 4 Zoll [8,1 bis 10,8 cm]

Länge auslaufen; diese vier Stützen sind mit ihrem unteren Theil auf einer Platte befestigt, welche man auf ein kleines verstellbares Tischchen legt, das sich, wie es die Figur zeigt, in der für den Versuch passendsten Höhe feststellen lässt; der Balken Eo kann ebenfalls mittelst der Schraube E in passender Höhe festgeklemmt werden.

Nachdem alles so vorbereitet ist, stellt man die Kugel G so auf [583], dass ihr wagerechter Durchmesser Gr mit dem Mittelpunkt der Platte l, welche einige Zoll von ihr entfernt ist, in gleicher Höhe liegt. Man leitet mittelst der Leydener Flasche einen elektrischen Funken auf die Kugel, man berührt die Platte l mit einem leitenden Körper, und die Wirkung der elektrisirten Kugel auf das elektrische Fluidum der nicht elektrisirten Scheibe verleiht dieser Scheibe eine der Elektricität der Kugel entgegengesetzte Ladung; so dass, wenn man den leitenden Körper zurückzieht, die Kugel und die Scheibe anziehend auf einander einwirken.

Experiment.

Die Kugel G hatte einen Fuss [32,48 cm] Durchmesser, die Scheibe l hatte 7 Linien [1,58 cm], die Schellacknadel lg 15 Linien [3,38 cm] Länge; der Aufhängefaden sc war ein Coconfaden von 8 Linien [1,80 cm] Länge: als die Zwinge sich im Punkte o befand, berührte die Scheibe l die Kugel in r, und in dem Maasse als man die Zwinge nach E hin entfernte, entfernte sich die Scheibe vom Centrum der Kugel um Strecken, welche durch die Abschnitte 0, 3, 6, 9, 12 Zoll gegeben sind, und wenn die Kugel mit sogenannter positiver, die Scheibe mit negativer Elektricität nach dem angegebenen Verfahren geladen war, so hatte man:

1. Versuch. Die Scheibe l, in 3 Zoll [8,12 cm] Entfernung von der Oberfläche der Kugel oder in 9 Zoll [24,36 cm] von ihrem Mittelpunkte, machte 15 Schwingungen in . 20″.
2. Versuch. Die Scheibe l, 18 Zoll [48,73 cm] vom Mittelpunkt der Kugel entfernt, machte 15 Schwingungen in . 41″.
3. Versuch. Die Scheibe l, 24 Zoll [64,97 cm] vom Mittelpunkte der Kugel entfernt, machte 15 Schwingungen in . 60″.

Erklärung und Ergebniss dieses Experiments.

Wenn alle Punkte einer Kugeloberfläche mit einer dem Quadrate der Entfernungen umgekehrt proportionalen Anziehungs- oder Abstossungskraft auf einen in beliebiger Entfernung von dieser Oberfläche befindlichen Punkt wirken, so ist bekanntlich die Wirkung dieselbe, als ob die ganze Kugeloberfläche im Mittelpunkte der Kugel concentrirt wäre.

584] Da ferner bei unserem Experiment die Scheibe l nur 7 Linien Durchmesser hat und bei den Versuchen ihr kleinster Abstand vom Kugelmittelpunkte 9 Zoll betrug, so kann man ohne merklichen Fehler alle Linien, die vom Kugelmittelpunkte nach einem Punkt der Scheibe gehen, als parallel und gleich annehmen, und folglich kann die ganze Wirkung der Scheibe in ihrem Mittelpunkte vereinigt gedacht werden, ebenso wie die der Kugel; so dass bei den kleinen Schwingungen der Nadel die Wirkung, welche die Schwingungen unterhält, eine für einen gegebenen Abstand constante Grösse sein und längs der Richtung wirken wird, welche die beiden Mittelpunkte verbindet. Nennt man nun q die Kraft, T die Zeit einer bestimmten Anzahl von Schwingungen, so wird man T proportional mit $\dfrac{1}{\sqrt{q}}$ haben; aber wenn d die Entfernung Gl des Mittelpunktes der Kugel vom Mittelpunkte der Scheibe ist und wenn die anziehenden Kräfte dem umgekehrten Quadrat der Entfernungen oder $1/d^2$ proportional sind, so folgt daraus, dass Td oder der Entfernung proportional sein wird; so dass, wenn wir in unsern Versuchen die Entfernung variiren lassen, die Zeit ein und derselben Anzahl von Schwingungen sich verhalten sollte, wie der Abstand des Scheibenmittelpunktes vom Kugelmittelpunkte. Vergleichen wir diese Theorie mit dem Experiment:

1. Versuch. Abstand der Mittelpunkte 9 Zoll, 15 Schwingungen in 20″.
2. Versuch. . . . . 18 . . . . 41″.
3. Versuch. . . . . 24 . . . . 60″.
Die Entfernungen verhalten sich hier wie die Zahlen . 3, 6, 8.
Die Zeiten ein- und derselben Anzahl Schwingungen 20, 41, 60.
Nach der Theorie sollten sie sein . . . . 20, 40, 54.

Bei diesen drei Versuchen beträgt also die Abweichung zwischen der Theorie und dem Experiment $\frac{1}{10}$ für den letzten Versuch verglichen mit dem ersten, und fast Null für den zweiten verglichen mit dem ersten; aber es muss bemerkt werden, dass zur Ausführung der drei Versuche fast vier Minuten nöthig waren; und dass, obwohl die Elektricität am Tage dieses Experimentes ziemlich lange vorhielt, [585] sie doch in der Minute $\frac{1}{40}$ ihrer Wirkung verlor. Wir werden in der nächstfolgenden Abhandlung sehen, dass, wenn die elektrische Dichte nicht sehr gross ist, die elektrische Wirkung zweier elektrisirter Körper in einer gegebenen Zeit abnimmt genau proportional der elektrischen Dichte, oder der Intensität der Wirkung: da nun unsere Versuche vier Minuten gedauert haben und da die elektrische Wirkung um $\frac{1}{40}$ in der Minute nachliess, so sollte vom ersten bis zum letzten Versuch die von der Intensität der elektrischen Dichte bedingte Wirkung unabhängig von der Entfernung um ungefähr ein Zehntel abgenommen haben ; um folglich die corrigirte Zeitdauer der 15 Schwingungen im letzten Versuch zu erhalten, muss man ansetzen $\sqrt{10} : \sqrt{9} :: 60''$: der gesuchten Grösse, für die man 57 Secunden findet, was nur um $\frac{1}{20}$ von der experimentell gefundenen Zahl 60 Secunden abweicht.

Wir sind also nach einer von der ersten völlig verschiedenen Methode zu einem gleichartigen Ergebniss gelangt; demnach können wir daraus schliessen, dass die gegenseitige Anziehung des als positiv bezeichneten elektrischen Fluidums auf das sogenannte negative elektrische Fluidum umgekehrt proportional dem Quadrat der Entfernungen ist; ebenso wie wir in unserer ersten Abhandlung gefunden haben, dass die gegenseitige Wirkung eines gleichartigen elektrischen Fluidums im umgekehrten Verhältniss zum Quadrat der Entfernungen steht. *)

Erste Anmerkung.

Es ist offenbar sehr leicht, indem man die vorstehende Methode anwendet, aus den Schwingungen der elektrischen Nadel die Gesetze der Abstossungskraft zu erhalten, sowie wir soeben diejenigen der Anziehungskraft ermittelt haben. In der That, wenn man die Scheibe mit der elektrisirten Kugel in Berührung bringt, so wird sie eine mit der Elektricität der Kugel gleichartige Ladung annehmen und abgestossen werden; infolgedessen wird die Nadel kraft dieser Abstossung in einer der ersten gerade entgegengesetzten Lage Schwingungen ausführen, und die Zahl der Schwingungen in einer gegebenen Zeit, verglichen mit der Entfernung des Scheibenmittelpunktes [586] vom Kugelmittelpunkte, wird die abstossende Kraft auf demselben Wege berechnen lassen, den wir soeben für die anziehende Kraft befolgt haben: jedoch müssen wir bemerken, dass alle Versuche, bei denen man das elektrische Fluidum mit seiner abstossenden Kraft wirken lassen will, sich, wie wir später sehen werden, einfacher, genauer und bequemer mittelst der in unserer ersten Abhandlung beschriebenen Wage ausführen lassen.

Zweite Anmerkung.

Wenn man sich derselben Methode bedienen wollte, um zu bestimmen, wie sich die Elektricitätsmenge vertheilt zwischen einer elektrisierten Kugel und einem leitenden Körper von beliebiger Gestalt, der mit dieser Kugel in Berührung gebracht wird, so könnte man folgendermaassen verfahren: nachdem man die Kugel elektrisirt und in diesem Anfangszustande ihre elektrische Wirkung auf die Scheibe der Nadel für eine gegebene Entfernung mittelst der Schwingungen bestimmt hat, berührt man sofort die Kugel mit dem leitenden Körper, der einen Theil der Elektricität der Kugel aufnehmen muss; und nach Trennung dieses Körpers von der Kugel bestimmt man von neuem mittelst der Schwingungen der Nadel die Elektricitätsmenge, die auf der Kugel zurückgeblieben ist: und der Unterschied dieser Menge von derjenigen, welche die Kugel vor der Berührung hat, wird das Maass der Menge sein, die der Körper bei der Berührung aufgenommen hat. Es ist überflüssig zu bemerken, dass solche Versuche nur an sehr trockenen Tagen, an denen die isolirten Körper ihre Elektricität langsam verlieren, gut gelingen können: dass man auf diese Elektricitätsabnahme bei der Reduction der auf einander folgenden Versuche Rücksicht nehmen muss; dass man die Entstehung von Luftströmungen in dem Zimmer, in dem man arbeitet, vermeiden und jeden leitenden Körper auf mindestens drei Fuss [97,45 cm] von der elektrisirten Kugel und selbst von der Nadel entfernen muss: aber wir wiederholen, wenn wir in der Folge die Art, in der sich das elektrische Fluidum in den verschiedenen Theilen der Körper verbreitet, experimentell und theoretisch bestimmen werden, so wird man sehen, dass alle diese Versuche viel [587] besser mit der elektrischen Wage gelingen, als nach der soeben auseinandergesetzten Schwingungsmethode.

Experimente, um das Gesetz zu bestimmen, nach dem das magnetische Fluidum anziehend oder abstossend wirkt.

Da die magnetisirten Körper auf einander in endlichen Entfernungen anziehend oder abstossend einwirken, ebenso wie die elektrisirten Körper, so scheint das magnetische Fluidum, wenn nicht in seiner Natur, so doch wenigstens in dieser Eigenschaft dem elektrischen Fluidum analog zu sein; und dieser Analogie gemäss kann man im voraus annehmen, dass diese beiden Flüssigkeiten nach denselben Gesetzen wirken: bei allen anderen

Anziehungs- oder Abstossungs-Erscheinungen, welche uns die Natur darbietet, sei es bei der Cohäsion der Körper, oder bei ihrer Elasticität oder bei den chemischen Affinitäten, scheinen die Anziehungs- und Abstossungskräfte nur auf sehr kleine Entfernungen wirksam zu sein; woraus man den Schluss ziehen dürfte, dass sie nicht denselben Gesetzen wie die Elektricität und der Magnetismus folgen. In der That lehrt uns die Theorie und die Berechnung der Anziehung und Abstossung der Elemente der Körper, dass, solange als die elementaren Molekel der Körper sich anziehen oder abstossen mit Kräften, welche im Verhältniss des Cubus der Entfernungen[9]) oder in einem kleineren, z. B. dem der Entfernungen (selbst) abnehmen, die Körper auf einander in endlichen Entfernungen einwirken können; dass dagegen, wenn die Wirkung der Molekel im Verhältniss (selbst) oder in einem grösseren Verhältniss als dem des Cubus der Entfernungen abnimmt, in diesem Falle die Körper nur in unendlich kleinen Entfernungen auf einander wirken können*) [588]. Wir werden vielleicht Gelegenheit haben, auf

---

*) Ueber die anziehende oder abstossende Wirkung der Körper nach dem Gesetz der Entfernungen.

Die Figur a stellt einen Kegel oder eine kleine spitze Pyramide vor, deren sämmtliche Theile den Punkt C anziehen nach dem umgekehrten Verhältniss $(n+2)$ der Entfernungen.

Setzt man $x = cp$, so wird die Wirkung der kreisförmigen Zone pm auf den Punkt C: $\frac{m\,dx.x^2}{x^2+n}$, das Integral davon $\frac{m}{1-n}(k + x^{1-n})$ sein; um k zu erhalten, muss man annehmen, dass die Pyramide abgestumpft sei, oder dass die Wirkung in D aufhöre, wobei $x = CD = A$ sein soll, was: $\frac{m}{1-n}(-A^{1-n} + x^{1-n})$ für die vollständige Integration ergiebt; dazu ist zu bemerken, dass für $A = 0$, wenn n grösser als 1 ist, A^{1-n} gleich $\frac{1}{0}$ oder unendlich wird; wenn n kleiner als die Einheit ist, wird $A^{(1-n)}$ gleich 0 oder, wenn man will, die ganze anziehende Kraft $= \frac{m\,x^{(1-n)}}{1-n}$ sein.

Fig. a.

Das heisst: in dem Falle, dass n grösser als die Einheit ist, oder wenn die Abstossung oder Anziehung abnimmt in einem Verhältniss gleich oder grösser als der Cubus der Entfernungen, ist der Werth der Constanten unendlich gross gegen den Werth der Variablen, welche die grössere oder geringere Ausdehnung des Kegels ausdrückt; und folglich hat die Anziehung oder Abstossung nur im Berührungs-

diesen Gegenstand im Verlaufe unserer Abhandlungen über die Elektricität zurückzukommen.

Wir haben bei dieser neuen Untersuchung zwei Methoden angewandt, um experimentell zu ermitteln, nach welchem Gesetze das magnetische Fluidum wirkt. Die erste dieser Methoden besteht darin, eine magnetisirte Nadel aufzuhängen, [**589**] ihr in ihrem magnetischen Meridian eine andere magnetisirte Nadel in passender Lage gegenüberzustellen, und durch Rechnung und Beobachtung für verschiedene Entfernungen zu bestimmen, mit welcher Kraft das magnetische Fluidum der einen Nadel auf das magnetische Fluidum der anderen wirkt. Bei der zweiten Methode bedient man sich einer magnetischen Wage, die unserer in der ersten Abhandlung beschriebenen elektrischen Wage ganz ähnlich ist; aber ehe wir die Einzelheiten unserer Versuche berichten, müssen wir an einige bekannte Eigenschaften der Magnetnadeln erinnern, die uns von Nutzen sein werden.

Wird eine Nadel von 0 bis 24 Zoll [64,97 cm] Länge, aus gutem Stahl und stark gehärtet, magnetisirt nach der Methode des Doppelstriches, wie sie Herr *Aepinus* auf Grund seiner vortrefflichen Theorie des Magnetismus und der Elektricität beschrieben und in Anwendung gebracht hat, so erhält sie einen Pol an jedem Ende; ihr magnetischer Schwerpunkt liegt ungefähr in ihrer Mitte.

Bei zwei Magnetnadeln stossen sich die gleichnamigen Pole ab und die ungleichnamigen ziehen sich an. Diese Anziehung oder Abstossung wächst in dem Maasse, als die Entfernung, in der man die Enden der Nadeln einander entgegenhält, geringer wird.

---

punkte statt und diejenige der entfernten Theile ist unendlich klein gegen diejenige der Berührungsstelle; aber in dem Falle, dass n kleiner als die Einheit ist, d. h. immer wenn die Wirkung abnimmt in einem kleineren Verhältniss als dem Cubus der Entfernungen, beeinflusst die Wirkung der entfernten Theile die Gesammtanziehung, welche Null ist für eine unendlich kleine Pyramide und proportional mit x^{1-n} für die Pyramide, deren Länge x ist.

Es scheint aus dieser Rechnung hervorzugehen, dass die Cohäsion, die Elasticität und alle chemischen Affinitäten, bei denen die Körperelemente nur in unmittelbarer Nähe der Berührungsstelle wirksam zu sein scheinen und die auswählende Anziehung von der Gestalt dieser Elemente abzuhängen scheint, unter sich nur nach einem Verhältniss wirken können, das dem umgekehrten Verhältniss des Cubus der Entfernungen sehr nahe kommt. Vielleicht hängen ausserdem alle chemischen Affinitäten von zwei Wirkungen ab, einer abstossenden und einer anziehenden, analog denjenigen, welche wir bei der Elektricität und dem Magnetismus finden.

Wenn man eine Magnetnadel wagerecht so aufhängt, dass sie sich frei um ihren Mittelpunkt drehen kann, so wird sie sich immer in dieselbe Richtung stellen, welche man ihren magnetischen Meridian nennt; dieser Meridian wird mit dem Erdmeridian einen Winkel bilden; dieser Winkel wird sich ein wenig im Laufe des Tages ändern, mit der Tagesstunde, in einer Art periodischen Bewegung; er wird sich alle Jahre ändern in einer anderen wahrscheinlich ebenfalls periodischen Bewegung, deren Dauer für jeden Punkt der Erde uns jedoch noch unbekannt ist.

Wenn eine in dieser Weise wagerecht aufgehängte Nadel in Schwingung versetzt wird, so wird sie sich gleichmässig nach beiden Seiten aus ihrem magnetischen Meridian entfernen; und sie wird immer in ihn zurückgeführt werden durch eine Kraft, die leicht zu ermitteln ist, wenn man die Dauer der Schwingungen beobachtet und die Gestalt und [590] das Gewicht der Nadel kennt. Siehe den siebenten Band der Savants étrangers, Mémoires de l'Académie.

Vorbereitung zu den Versuchen.

Ich nahm einen auf der Ziehbank gezogenen Draht aus sehr gutem Stahl; er hatte 25 Zoll [67,68 cm] Länge und 1½ Linien [0,33 cm] Durchmesser; ich magnetisirte ihn nach der Methode des Doppelstriches, sein magnetisches Centrum befand sich ungefähr in seiner Mitte. Ich hing darauf an einem Coconfaden von drei Linien [0,68 cm] Länge eine Magnetnadel von 3 Zoll [8,12 cm] Länge auf, und nachdem diese Nadel sich eingestellt hatte, zeichnete ich ihren magnetischen Meridian auf und verlängerte ihn bis auf zwei Fuss [64,97 cm] Entfernung vom Aufhängungs-Mittelpunkte. Ich errichtete sodann (Fig. 3) Lothe auf diesem magnetischen Meridiane; ich legte meinen Stahldraht längs dieser Lothe und verschob ihn, bis die Nadel $n a$ wieder die Richtung ihres magnetischen Meridianes einnahm, wie sie sich von Natur in ihn eingestellt hatte, bevor der Stahldraht ihr gegenübergestellt wurde; und ich beobachtete

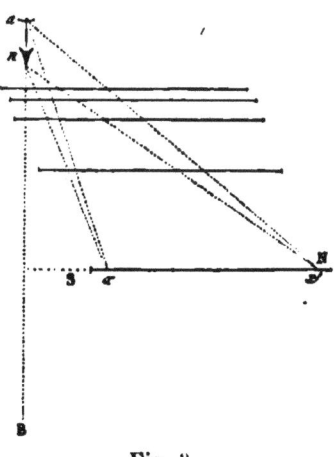

Fig. 3.

darauf, je nachdem mein magnetisirter Stahldraht mehr oder weniger von der aufgehängten Nadel entfernt war, um wieviel das Ende dieses Drahtes den magnetischen Meridian überschritt oder diesseits desselben lag, wenn die Nadel auf ihren Meridian einspielte.

Erstes Experiment.

	Der Draht befand sich vom Nadelende in der Entfernung	Das Ende überschritt den magnetischen Meridian um
1. Versuch.	1 Zoll [2,71 cm]	+ 10 Linien [2,26 cm]
2. Versuch.	2 - [5,41 -]	+ 9 - [2,03 -]
3. Versuch.	4 - [10,83 -]	+ 8 - [1,80 -]
4. Versuch.	8 - [21,66 -]	— 4 - [0,90 -]
5. Versuch.	16 - [43,31 -]	— 42 - [9,25 -]

Zweites Experiment.

Man hing eine Magnetnadel von zwei Zoll [5,4 cm] Länge wagerecht in ihrem Mittelpunkte auf: frei und unter dem alleinigen Einflusse der magnetischen Kraft der Erdkugel [591] machte sie 34 Schwingungen in 60 Secunden. Man benutzte ferner denselben magnetischen Draht, von 25 Zoll Länge, wie beim vorhergehenden Experiment; aber anstatt ihn horizontal und zum magnetischen Meridiane senkrecht aufzustellen, wie vorhin, stellte man ihn vertical in diesen Meridian in 2 Zoll [5,4 cm] Entfernung vom Ende der aufgehängten Nadel. Indem man den Südpol des verticalen Drahtes dem Nordpol der Nadel gegenüberstellte und ihn [10]) allmählich vertical nach unten schob, stets in der Enfernung von 2 Zoll vom Nadelende, zählte man die Schwingungen, welche die Nadel in 60 Secunden machte, je nachdem das Ende des Stahldrahtes mehr oder weniger tief unter dem Niveau der Nadel lag. Das Ergebniss dieses Experimentes war folgendes:

1. Versuch. Das Ende des Drahtes
    im Niveau der Nadel . . . . 120 Schwingungen in 60″
2. Versuch. Das Ende nach unten
    verschoben um . . . 6 Lin. 122. . . . . 60″
3. Versuch. . . . . 1 Zoll 122. . . . . 60″
4. Versuch. . . . . 2 - 115. . . . . 60″
5. Versuch. . . . . 3 - 112. . . . . 60″
6. Versuch. . . . . 4 - 98. . . . . 60″
7. Versuch. . . . . 8 - 39. . . . . 60″

Drittes Experiment.

Man hing eine Nadel von 4 Linien [0,90 cm] Länge an die Stelle der ersten; der Stahldraht wurde in 3 Zoll [8,12 cm] Entfernung vom Ende dieser Nadel vertical aufgestellt, wie bei dem vorhergehenden 'Experiment, das man vollkommen nachmachte. Die freie nur von der erdmagnetischen Kraft beeinflusste Nadel macht 53 Schwingungen in 60".

1. *Versuch.* Das Ende des Stahldrahtes im Niveau der Nadel.	. . . .	sie machte	152 Schwingungen in	60"
2. *Versuch.* darunter um	. . . . .	1 Zoll	152	60"
3. *Versuch.*		2 -	148	60"
4. *Versuch.*		4 -	120	60"
5. *Versuch.*		8 -	58	60"

Erklärung und Ergebniss dieser drei Experimente.

[592] Die drei vorstehenden Experimente beweisen, dass das Wirkungscentrum jeder Hälfte unseres Drahtes in sehr geringer Entfernung vom Ende dieses Drahtes liegt, so dass man bei unserm Stahldraht von 25 Zoll Länge ohne merklichen Fehler das ganze magnetische Fluidum am Ende dieses Drahtes auf 2 oder 3 Zoll Länge condensirt denken kann. In der That, beim ersten Experiment ist der Stahldraht horizontal und senkrecht gegen die Richtung des magnetischen Meridians, in dem sich die aufgehängte Nadel befindet, aufgestellt; diese Nadel wird von zwei Kräften angegriffen, von der magnetischen Kraft der Erdkugel, die sie im Meridian zurückhält, und von der magnetischen Kraft der verschiedenen Punkte des magnetischen Stahldrahts: da aber bei unserem ersten Experiment die Nadel bei allen Versuchen in ihrem magnetischen Meridiane einsteht, so folgt daraus, dass alle magnetischen Kräfte des Stahldrahtes von 25 Zoll Länge bei ihrer Einwirkung auf die Nadel unter sich im Gleichgewichte sind: es sind also bei den drei ersten Versuchen, bei denen die Abstände 1, 2 und 4 Zoll betragen, die magnetischen Kräfte der acht bis zehn letzten Linien des Nadelendes, welche den Meridian überschritten haben, im Gleichgewicht mit den Kräften der ganzen übrigen Nadel, so dass man fast annehmen zu können scheint, dass die Hälfte des magnetischen Fluidums, mit dem die Hälfte der Nadel geladen ist, in den zehn letzten Linien ihres Endes concentrirt ist.

Das zweite und das dritte Experiment ergeben dasselbe Resultat. Bei diesen beiden Experimenten steht der Stahldraht vertical im magnetischen Meridian der Nadel, folglich muss die Wirkung des oberen Theils des Drahtes, weil sie sehr schief zur aufgehängten Nadel gerichtet ist und zudem aus grosser Entfernung wirkt, auf die Schwingungen der Nadel nur geringen Einfluss haben; aber man sieht bei diesen beiden Experimenten, dass die grösste Zahl der Schwingungen der aufgehängten Nadel statt hatte, wenn das Ende des Drahtes [593] um etwas weniger als einen Zoll unter das Niveau der Nadel herabgeschoben war: also hatte die mittlere Kraft der unteren Hälfte des Stahldrahtes ihre Resultante in 8 oder 10 Linien oberhalb ihres Endes, wie wir es soeben aus dem ersten Experimente gefunden hatten, woraus folgt, dass man bei dem Stahldraht von 25 Zoll Länge, den wir benutzt haben und der nach der Methode des Doppelstriches magnetisirt worden ist, ohne merklichen Fehler das magnetische Fluidum in 10 Linien von seinem Ende concentrirt denken kann. Dieses erste Ergebniss war erforderlich, bevor man daran gehen konnte, das Gesetz der Entfernung, nach dem die Anziehung und die Abstossung vor sich gehen, zu ermitteln: man wird in einer anderen Abhandlung sehen, dass die Concentrirung des magnetischen Fluidums gegen das Ende der nach der Methode des Doppelstrichs magnetisirten Nadeln hin eine nothwendige Folge dieser Art der Magnetisirung ist.

Das magnetische Fluidum übt anziehende oder abstossende Wirkung aus in geradem Verhältniss zur Dichtigkeit des Fluidums und im umgekehrten Verhältniss zum Quadrat der Entfernungen seiner Moleküle.

Der erste Theil dieser Behauptung braucht nicht bewiesen zu werden; wenden wir uns zu dem zweiten. Wir haben soeben gesehen, dass das magnetische Fluidum unseres Stahldrahtes von 25 Zoll Länge an den Enden auf einer Länge von 2 oder 3 Zoll concentrirt war, dass das Wirkungscentrum jeder Hälfte dieser Nadel sich ungefähr 10 Linien von ihren Enden befand: hält man also unsern Stahldraht um einige Zoll entfernt von einer sehr kurzen Nadel, in der, wie wir in der Folge sehen werden, das magnetische Fluidum auf 1 oder 2 Linien der Enden concentrirt gedacht werden kann, so kann man die gegenseitige Wirkung des Drahtes auf die Nadel und der Nadel auf den Draht berechnen, indem man das magnetische Fluidum vereinigt denkt bei dem Stahldraht [594] in 10 Linien Entfernung von den Enden und bei einer Nadel von einem Zoll Länge in 1 oder 2 Linien von den Enden. Diese Ueberlegungen haben uns bei dem folgenden Experimente geleitet.

Viertes Experiment.

Man hing einen Stahldraht von 70 Gran (3,72 g) Gewicht und einem Zoll [2,71 cm] Länge, der nach der Methode des Doppelstrichs magnetisirt war, an einen Seidenfaden von 3 Linien [0,68 cm] Länge, der aus einer einzigen Coconfaser bestand; man liess ihn sich einstellen in den magnetischen Meridian; man stellte darauf vertical in diesem Meridian, in verschiedenen Abständen, den Stahldraht von 25 Zoll Länge derart auf, dass sein Ende sich immer 10 Linien unter dem Niveau der aufgehängten Nadel befand; bei jedem Versuch veränderte man den Abstand, und indem man die aufgehängte Nadel in Schwingung versetzte, zählte man die Schwingungen, welche sie in einer und derselben Anzahl von Secunden ausführte. Aus diesen Versuchen ergab sich:

1. *Versuch.* Die freie Nadel schwingt unter der Einwirkung der
Erdkugel im Verhältniss von 15 Schwingungen auf 60″
2. *Versuch.* Der Draht in 4 Zoll Entfernung
von der Nadelmitte aufgestellt 41 . . . . 60″
3. *Versuch.* Der Draht in 8 Zoll Entfernung
von der Nadelmitte aufgestellt 24 . . . . 60″
4. *Versuch.* Der Draht in 16 Zoll Entfernung
von der Nadelmitte aufgestellt 17 . . . . 60″

Erklärung und Ergebniss dieses Experimentes.

Wenn ein Pendel frei aufgehängt ist und von Kräften in einer gegebenen Richtung angegriffen wird, so dass es Schwingungen ausführt, so werden die Kräfte durch das umgekehrte Verhältniss des Quadrats der Dauer einer gleichen Anzahl Schwingungen gemessen, oder was auf dasselbe hinauskommt, durch das gerade Verhältniss des Quadrats der Schwingungszahl in gleichen Zeiten.

Bei dem vorstehenden Experimente schwingt jedoch die Nadel [595] in Folge zweier verschiedener Kräfte; die eine ist die magnetische Kraft der Erde, die andere die Wirkung aller Punkte des Drahts auf die Punkte der Nadel. Bei unserem Experiment liegen alle Kräfte in der Ebene des magnetischen Meridians, und da die Nadel horizontal aufgehängt ist, so hängt die wirkliche Kraft, die ihre Schwingungen bewirkt, von der horizontalen Componente aller dieser Kräfte ab.

Wir haben aber bei den drei vorhergehenden Experimenten gesehen, dass das an den Enden unseres Drahtes concentrirte magnetische Fluidum in 10 Linien Entfernung von dem Ende dieses Drahtes vereinigt gedacht werden kann; und da die aufgehängte Nadel einen Zoll Länge hat, da ihr Nordende aus einer Entfernung von $3\frac{1}{2}$ Zoll angezogen und ihr Südende durch den unteren Pol des Drahtes[11]) in $4\frac{1}{2}$ Zoll Entfernung abgestossen wird, so kann man ohne merklichen Fehler annehmen, dass die mittlere Entfernung, aus welcher der untere Pol des Stahldrahtes seine Wirkung auf die beiden Pole der Nadel ausübt, 4 Zoll beträgt. Folglich würde, wenn die Wirkung des magnetischen Fluidums im umgekehrten Verhältniss des Quadrats der Entfernungen stände, die Wirkung des unteren Poles des Stahldrahtes auf die Nadel proportional mit $\frac{1}{4^2}$, $\frac{1}{8^2}$, $\frac{1}{16^2}$ oder mit 1, $\frac{1}{4}$, $\frac{1}{16}$ sein.

Da aber die horizontalen Kräfte, welche die Schwingungen der Nadel bewirken, dem Quadrat der Anzahl der in gleichen Zeiten ausgeführten Schwingungen proportional sind, und da die freie Nadel unter der alleinigen Wirkung der magnetischen Kraft der Erdkugel 15 Schwingungen in 60″ macht, so wird das Maass dieser letzteren Kraft das Quadrat dieser 15 Schwingungen oder 15^2 sein. Bei dem zweiten Versuch ertheilen die vereinigten Kräfte der Erdkugel und des Stahldrahtes der Nadel 41 Schwingungen in 60″; also haben diese beiden Kräfte zusammen als Maass 41^2, und die Kraft, welche ausschliesslich von der Wirkung des magnetisirten Stahldrahtes herrührt, wird folglich durch die Differenz dieser beiden Quadrate gemessen; also ist sie proportional [596] mit $41^2 - 15^2$. Wir werden demnach für die Wirkung des Drahtes auf die Nadel haben:

Entfernung:	Von der magnetischen Wirkung des Stahldrahtes abhängige Kraft:
Für den 2. *Versuch* . . 4 Zoll	$= 41^2 - 15^2 = 1456$
3. *Versuch* . . 8 -	$24^2 - 15^2 = 351$
4. *Versuch* . . 16 -	$17^2 - 15^2 = 64$

Der zweite und dritte Versuch, bei denen die Entfernungen sich wie 1 : 2 verhalten, geben für die Kräfte sehr nahe das umgekehrte Verhältniss des Quadrats der Entfernungen. Der vierte Versuch ergiebt eine ein wenig zu kleine Zahl; aber man muss bedenken, dass bei diesem vierten Versuche der Abstand des unteren Poles des Stahldrahtes vom Mittelpunkte der Nadel 16 Zoll beträgt; und dass der Abstand des oberen Poles vom Mittelpunkte dieser selben Nadel ungefähr $\sqrt{16^2 + 23^2}$ beträgt: wird also die Wirkung des unteren Poles durch $\frac{1}{(16)^2}$ dargestellt, so wird die horizontale Wirkung des oberen Poles $\dfrac{16}{(16^2 + 23^2)^{\frac{3}{2}}}$ sein; so dass die Wirkung des unteren Poles zu der des oberen Poles ungefähr im Verhältniss von 100 : 19 steht; daraus folgt, dass, wenn die Schwingungen der Nadel durch die Wirkung dieser beiden Pole hervorgebracht werden, und die des oberen Poles der des unteren Poles entgegengesetzt ist, das Quadrat der Schwingungen, welche die alleinige Wirkung des unteren Poles des magnetisirten Drahtes erzeugen würde, um $\dfrac{19}{100}$ durch die entgegengesetzte Wirkung des oberen Theiles desselben Drahtes vermindert wird; um also die alleinige Wirkung des unteren Theiles des Drahtes zu erhalten, muss man, unter x den wahren Werth dieser Kraft verstanden, ansetzen $\left(x - \dfrac{19}{100} x\right) = 64$, woraus $x = 79$ folgt. Setzen wir [597] diese Grösse in das Ergebniss des vierten Versuches ein, so finden wir:

2. *Versuch*. Für 4 Zoll Entfernung, die Kraft. 1456
3. *Versuch*. Für 8 Zoll Entfernung, ... 351
4. *Versuch*. Für 18 Zoll Entfernung, ... 79

Und diese Kräfte verhalten sich sehr nahe wie die Zahlen 16, 4, 1 oder wie der reciproke Werth des Quadrats der Entfernungen.

Ich habe dieses Experiment mehrmals wiederholt, indem ich Nadeln von zwei und drei Zoll Länge aufhing, und ich habe immer gefunden, dass unter Berücksichtigung der soeben besprochenen, nothwendigen Correctionen sowohl die abstossende wie die anziehende Wirkung des magnetischen Fluidums dem Quadrat der Entfernungen umgekehrt proportional war.

Erste Anmerkung.

Man hat im Verlaufe dieses Experimentes bemerken können, dass wir voraussetzen: wenn unser Draht nach der Methode des Doppelstrichs magnetisirt ist, und man stellt abwechselnd seinen Nordpol und seinen Südpol dem Ende einer mittelst Doppelstriches magnetisirten Nadel in der gleichen Entfernung gegenüber, so wird der Nordpol des magnetisirten Drahtes den Südpol der Nadel genau mit derselben Kraft anziehen, mit der der Südpol dieses Drahtes den Südpol der Nadel abstossen wird, und entsprechend umgekehrt für den Nordpol der Nadel. « Diese

Eigenschaft, welche, wie wir in der Folge sehen werden, eine nothwendige Consequenz der Theorie des Magnetismus ist, wird überdies experimentell bewiesen werden, unter Benutzung der magnetischen Wage, deren Beschreibung und Anwendung sogleich gegeben werden sollen.

Zweite Anmerkung.

Ist das Gesetz vom umgekehrten Verhältniss des Quadrats der Entfernungen einmal gegeben, so würde es leicht sein zu berechnen, ob bei dem ersten Experiment, wo der magnetisirte Draht horizontal und senkrecht [598] zum magnetischen Meridiane liegt, und wo man beim letzten Versuche findet, dass man das Ende des Drahtes um ungefähr 42 Linien vom Meridian der Nadel entfernen muss, die Rechnung für die Richtung der Resultante aller Wirkungen jeder Hälfte des Drahtes eine Gerade ergeben würde, die den Draht neun oder zehn Linien von seinem Ende treffen würde. Wir wollen die Rechnung, welche diese Richtung bestimmen lässt, durchführen auf Grund des letzten Versuchs des ersten Experimentes, bei dem die Nadel drei Zoll Länge hat, und der magnetisirte Stahldraht von 25 Zoll Länge horizontal und senkrecht zum magnetischen Meridian in 16 Zoll Entfernung vom Ende der Nadel aufgestellt ist.

Es bedeute in der Fig. 3 x den Punkt, durch den diese Resultante geht, für den Pol, welcher der Meridianlinie der Nadel zunächst liegt; x' den Punkt, in welchem man sich am anderen Ende dieses Drahtes das ganze magnetische Fluidum concentrirt denkt: was das magnetische Fluidum der aufgehängten Nadel anbetrifft, so kann man es, obwohl sein Wirkungscentrum zwei oder drei Linien von ihren Enden entfernt liegt, doch an den Enden selbst annehmen, weil jeder Pol des Drahtes auf die beiden Pole dieser Nadel wirkt, und weil, wenn man nach dieser Annahme den Pol n der Nadel um zwei oder drei Linien zu nahe dem Pole s des Stahldrahtes rechnet, man zur gleichen Zeit den Pol a der Nadel um dieselbe Grösse zu weit vom Pole s nimmt; der Fehler der Annahme ist also nahezu ausgeglichen.

Wir finden aber durch das Experiment, dass der Abstand des Drahtendes von der Meridianlinie der Nadel bei dem letzten Versuche $3\frac{1}{2}$ Zoll beträgt. Setzen wir nun $x = Sx = Nx'$, dem Abstande des Drahtendes vom Wirkungscentrum, so werden wir für die Kraft, welche die Wirkungscentren des

Drahtes auf jedes Nadelende in einer zur Nadel senkrechten Richtung ausüben, die folgenden Formeln haben:

Wirkung des Poles S auf den Pol n $\dfrac{3\frac{1}{2}+x}{[16^2+(3\frac{1}{2}+x)^2]^{\frac{3}{2}}}$

[599] Wirkung des Poles S auf den Pol a $\dfrac{3\frac{1}{2}+x}{[19^2+(3\frac{1}{2}+x)^2]^{\frac{3}{2}}}$

Wirkung des Poles N auf den Pol n $\dfrac{28\frac{1}{2}-x}{[16^2+(28\frac{1}{2}-x)^2]^{\frac{3}{2}}}$

Wirkung des Poles N auf den Pol a $\dfrac{28\frac{1}{2}-x}{[19^2+(28\frac{1}{2}-x)^2]^{\frac{3}{2}}}$

Da aber bei diesem Experiment die Stahlnadel in ihrem magnetischen Meridian steht, und da jede der obigen Kräfte diese Nadel mit demselben Hebelarm um ihren Aufhängungspunkt zu drehen sucht, so folgt daraus, dass alle diese Kräfte unter sich im Gleichgewicht sind; daraus gewinnt man die Gleichung.

$$\dfrac{3\frac{1}{2}+x}{[16^2+3\frac{1}{2}+x)^2]^{\frac{3}{2}}} + \dfrac{3\frac{1}{2}+x}{[19^2+(3\frac{1}{2}+x)^2]^{\frac{3}{2}}}$$
$$= \dfrac{28\frac{1}{2}-x}{[16^2+(28\frac{1}{2}-x)^2]^{\frac{3}{2}}} + \dfrac{28\frac{1}{2}-x}{[19^2+(28\frac{1}{2}-x)^2]^{\frac{3}{2}}}$$

Da wir aber schon gesehen haben, dass x kleiner als ein Zoll sein muss, so können wir es in erster Annäherung im Nenner unserer Gleichung, dessen Zahlen gegen x sehr beträchtlich sind, vernachlässigen oder gleich $\frac{1}{2}$ Zoll setzen, was seinem wahren Werthe noch mehr entspricht.

Alsdann wird die Ausrechnung der Formel den Werth Sx $= x = \dfrac{56}{75}$ Zoll, ungefähr 9 Linien, ergeben, wie bei den beiden ersten Versuchen.

Durch eine ähnliche Rechnung wird man finden, dass, wenn das Ende des Stahldrahtes 8 Zoll vom Ende der aufgehängten Nadel entfernt ist, der Abstand des Punktes x vom Meridian ungefähr $12\frac{1}{2}$ Linien betragen müsste; da aber das Experiment für diesen Fall 4 Linien Abstand des Meridians vom Ende des Drahtes ergiebt, so folgt daraus, dass [600] man bei diesem Versuch 4 Linien abrechnen muss, um den Abstand des Wirkungscentrums vom Ende der Nadel zu erhalten. Folglich ergiebt die Rechnung auch hier wieder $8\frac{1}{2}$ Linien für den Abstand des Wirkungscentrums von den Nadelenden.

Bei dem dritten Versuch, bei dem der Abstand des Nadelendes vom Stahldrahte 4 Zoll beträgt, wird die Rechnung ungefähr 2 Linien für die Entfernung vom Wirkungscentrum bis zum Meridian ergeben: wir finden aber experimentell, dass bei diesem Versuch das Ende des Drahtes den Meridian um 8 Linien überschritt; also ergiebt bei diesem Versuch die Berechnung das Wirkungscentrum der Enden des Stahldrahtes in 10 Linien Abstand von seinen Enden.

Es folgt also aus der Erfahrung und der Berechnung, dass man, so oft Stahldrähte von 25 Zoll Länge auf einander wirken, die Wirkungscentren oder, was auf dasselbe hinaus kommt, den Vereinigungspunkt des ganzen magnetischen Fluidums 9 oder 10 Linien von den Enden dieser Drähte annehmen und auf Grund dieser Annahme rechnen kann: bei sehr kurzen Nadeln liegt das Wirkungscentrum den Enden näher; wir werden in der Folge Gelegenheit haben, das Gesetz dieser Verminderung in Beziehung zur Länge der Nadeln zu bestimmen, wenn wir die vortheilhafteste Art die Nadeln zu magnetisiren und künstliche Magnete herzustellen besprechen werden.

Wir werden zu gleicher Zeit die Curve bestimmen, welche in einem magnetischen Stahldraht, die Dichtigkeit des magnetischen Fluidums von seinem Ende bis zu seiner Mitte, wo sein magnetischer Mittelpunkt gelegen ist, darstellt: aber es ist nach den obigen Experimenten leicht vorauszusehen, dass der geometrische Ort dieser Dichtigkeit keine gerade Linie sein kann, wie einige Autoren geglaubt haben.

Zweite Methode, das Gesetz der Anziehung und Abstossung des magnetischen Fluidums zu ermitteln.

Nachdem man durch die obigen Experimente gefunden hat, dass bei einer Nadel von 25 Zoll Länge, und in [601] noch höherem Maasse bei kürzeren Nadeln, das magnetische Fluidum in den zwei oder drei letzten Zollen nach den Enden hin concentrirt gedacht werden kann, und dass bei den Nadeln von 20 bis 25 Zoll das Wirkungscentrum in 9 oder 10 Linien von jedem Ende angenommen werden kann, so ist es leicht, eine magnetische Wage nach denselben Grundsätzen zu construiren, welche mich bei der Construction der in meiner ersten Abhandlung beschriebenen elektrischen Wage geleitet haben. Doch muss ich bemerken, dass die Form und die Einzelheiten der Maasse der magnetischen Wage, welche ich angeben werde, nach den

Erfordernissen der Praxis abgeändert werden können und müssen. Ich war bei diesem ersten Versuche nur bestrebt, dieser Wage eine einfache, wenig kostspielige und doch für die beabsichtigten Experimente ungefähr ausreichende Form zu geben.

Beschreibung der magnetischen Wage.

Ich liess, Fig. 4, einen quadratischen Kasten von 3 Fuss [97,45 cm] Seitenlänge und 18 Zoll [48,73 cm] Höhe anfertigen; die Bretter waren aneinander nur mit Zapfen, Fugen und Holzstiften befestigt. Neun Zoll über dem Boden ist ein horizontaler Kreis angebracht aus sehr trockenem Holz oder aus Kupfer, von 2 Fuss 10 Zoll [92,04 cm] Durchmesser, der wie üblich in 360°

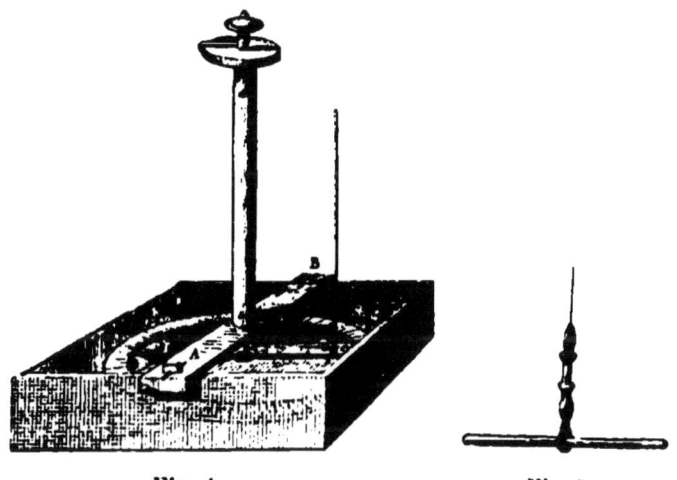

Fig. 4.   Fig. 5.

getheilt ist. Auf diesen Kasten ist ein Querbrett AB gelegt, welches in seiner Mitte ein Rohr id von 30 Zoll [81,21 cm] Länge trägt, das in d in einem Torsionsmikrometer, ähnlich demjenigen, welches wir für die elektrische Wage beschrieben haben, endigt. Die Klemme dieses Mikrometers hält das Ende eines Messingdrahtes gefasst, von der Nummer 12 des Handels, von dem 6 Fuss 5 Gran [1 m : 0,1365 gr] wiegen und dessen Kraft wir bestimmt haben in der im Jahrgang 1784 der Akademie abgedruckten Abhandlung über die Torsionskräfte der Drähte. Das untere Ende dieses Drahtes steckt in einer Doppelzange, welche die Gestalt einer Reissfeder hat und in Fig. 5 abgebildet ist; diese Doppelzange [602] ist, wie die Figur zeigt, fast in ihrer ganzen Länge gespalten, um mit ihren beiden Enden, die sich mittelst zweier Schieberinge öffnen und schliessen, als Klemme zu dienen. Das untere Ende hält einen Ring von Blei oder Kupfer; dieser Ring ist dazu bestimmt, die magnetisirte Stahlnadel zu tragen, mit der man experimentiren will.

Vor Beginn der Experimente mit dieser Wage muss die Magnetnadel, wenn die Torsion Null ist, ihre natürliche Lage in ihrem magnetischen Meridiane haben; das ist leicht zu erreichen, indem man zuerst in den an dem Halter befestigten Ring einen Kupferdraht steckt, von denselben Dimensionen wie der magnetisirte Stahldraht, den man dem Experiment zu unterwerfen beabsichtigt; während man darauf den Index des Mikrometers fest auf dem ersten Theilstrich dieses Mikrometers stehen lässt, dreht man das ganze Mikrometer (dessen Röhre sich, wie man bei der elektrischen Wage gesehen hat, schieben und drehen lässt in derjenigen, welche das Rohr id bildet. Fig. 4', bis sich die Kupfernadel in die Richtung des magnetischen Meridians, den man vorher aufgezeichnet hat, frei einstellt.

Der Kasten muss so auf diesen magnetischen Meridian gestellt werden, dass die Richtung dieses Meridianes den Theilstrichen 0, 180 des horizontalen Kreises entspricht, der, wie wir sagten, in dem Kasten in 9 Zoll Höhe über seinem Boden aufgestellt ist.

Nach dieser Vorbereitung ersetzt man die Kupfernadel durch die magnetisirte Stahlnadel, und kann nun die Operationen beginnen.

Wir werden hier nur die Experimente und die Ergebnisse anführen, welche uns durchaus nöthig sind, um das Gesetz abzuleiten, nach dem das magnetische Fluidum wirkt, wenn sich die magnetischen Molecüle in verschiedenen Entfernungen von einander befinden.

[603] *Erstes Ergebniss. Die resultirende Kraft aller magnetischen Kräfte, welche die Erdkugel auf jeden Punkt einer Magnetnadel ausübt, ist eine constante Grösse, deren Richtung parallel zum magnetischen Meridian immer durch denselben Punkt der Nadel geht, welches auch die Lage der Nadel zum Meridiane sei.*

Ich habe diesen Satz bereits in einer Abhandlung über die Magnetnadeln, welche im siebenten Bande der »Savants étrangers« abgedruckt ist, zu beweisen versucht; aber den Experimenten, welche ich damals beschrieben habe, könnten einige Einwände entgegengestellt werden; das folgende ist direct und scheint mir entscheidend.[12])

Experiment.

Ich hing horizontal in der Wage einen magnetisirten Stahldraht von 22 Zoll [59,55 cm] Länge und $1\frac{1}{4}$ Linien [0,28 cm] Durchmesser auf. Gemäss der Aufstellung unserer Wage stellt sich diese Nadel in ihre magnetische Richtung, indem ihr Nordende auf den Punkt 0 des grossen Kreises von 2 Fuss 10 Zoll Durchmesser einspielt; dabei ist die Torsion des Drahtes Null und der Index des Mikrometers steht auf dem Punkte 0 oder auf dem ersten Theilstrich dieses Mikrometers.

Mittelst des Knopfes, der den Index des Mikrometers trägt, tordirte man den messingnen Aufhängedraht um verschiedene Winkel, was die Nadel zwang, sich aus ihrem magnetischen Meridiane zu entfernen: jedes Mal beobachtete man den Winkel, um den sie sich aus dem Meridian entfernte, und die Torsionskraft, welche man anwenden musste, um diesen Winkel hervorzubringen, und man erhielt die folgenden Ergebnisse:

	Der Aufhängedraht	Die Nadel spielt
1. Versuch.	gedreht um 1 Umfang = 360°.	ein auf $10\frac{1}{2}°$ von ihrem Meridian aus.
2. Versuch.	2	$21\frac{1}{2}$
3. Versuch.	3	33
4. Versuch.	4	46
5. Versuch.	5	$63\frac{1}{4}$
6. Versuch.	$5\frac{1}{4}$	85

[604] **Ergebniss und Erklärung dieses Experimentes.**

Unsere Magnetnadel hängt hier an einem Messingdraht, Nr. 12 des Handels; wir haben in einer im Jahrgange 1784 gedruckten Abhandlung gesehen, dass für einen solchen Aufhängedraht die Torsionskraft dem Torsionswinkel proportional ist; also beträgt die Torsionskraft bei dem ersten Versuch 1 Umdrehung — $10\frac{1}{2}°$; bei dem zweiten Versuch, 2 Umdrehungen — $21\frac{1}{4}°$. Wenn wir an der Hand dieses Experimentes bei jedem Versuche die Torsionskraft mit dem Winkel, um den sich die Nadel aus ihrem Meridiane entfernt, vergleichen, so werden wir sehr genau finden, dass die Sinus der Winkel, welche von dem magnetischen Meridian und der Richtung der Nadel in den auf einander folgenden Versuchen eingeschlossen werden, dem Torsionswinkel proportional sind; daraus folgt, wie wir im siebenten Bande der Savants étrangers gesehen haben, dass die resultirende Kraft der magnetischen Wirkung der Erdkugel eine constante Kraft ist, welche dem magnetischen Meridiane parallel gerichtet ist und die Nadel immer in demselben Abstande von ihrem Ende trifft, welches auch die Lage der Nadel gegen ihren Meridian sei: der Vergleich der Rechnung mit dem Experimente ergiebt Folgendes.

Es sei A der Torsionswinkel eines beliebigen Versuches, der als Ausgangspunkt der Vergleichung dienen soll,

B der Winkel, um den sich die Nadel bei diesem Versuche aus ihrem Meridian entfernt.

A' der bei einem anderen Versuch gefundene Torsionswinkel, B' der Winkel, um den sich die Nadel bei diesem Versuch aus ihrem Meridian entfernt; wir werden allgemein nach der Theorie haben $A : A' :: \sin B : \sin B'$. Daraus folgt: $\log A' = \log A + \log \sin B' - \log \sin B$. Nehmen wir den zweiten Versuch als Ausgangspunkt der Vergleichung; corrigirt man den Torsionswinkel um den Winkel, um den sich die Nadel aus ihrem Meridian entfernt, so wird dieser Winkel 699° betragen und sein Logarithmus wird 2,8444 sein; da der Winkel B 21°15' beträgt, wird $\log \sin B = 9,5592$ sein. [**605**] Vergleichen wir diese beiden Grössen nach der Formel mit dem Winkel, um den sich die Nadel bei den anderen Versuchen aus ihrem Meridiane entfernt hat, so werden wir finden:

Der 2. und 3. *Versuch* ergeben nach der Theorie für die Torsionskraft des 3. *Versuchs* . . . . 1052°
Das Experiment ergiebt für die Torsionskraft des 3. *Versuchs* . . . . 1047°
Differenz 5
Fehler des Experiments . . . . $-\frac{1}{210}$

Der 2. und 4. *Versuch* ergeben nach der Theorie für die Torsionskraft . . . . 1388°
Das Experiment ergiebt für die Torsionskraft beim 4. *Versuch* . . . . 1394°
Differenz . . . . 6°
Fehler des Experiments . . . . $+\frac{1}{232}$

Der 2. und 5. *Versuch* ergeben nach der Theorie für die Torsionskraft . . . . 1726°
Das Experiment ergiebt für die Torsionskraft beim 5. *Versuch* . . . . 1736½°
Differenz 10½
Fehler des Experiments . . . . $+\frac{1}{165}$

Der 2. und 6. *Versuch* ergeben nach der Theorie für die Torsionskraft	1921°
Das Experiment ergiebt beim 6. *Versuch*	1895°
Differenz	26°
Fehler des Experiments	$-\tfrac{1}{75}$

Man findet also die grösste Uebereinstimmung zwischen der Theorie und dem Experiment, was zu gleicher Zeit für die Richtigkeit der Theorie und für die Genauigkeit der Methode spricht; eine Genauigkeit, die man nur der Einfachheit des Verfahrens zuschreiben kann; denn der Kasten und alle Teile, aus denen sich die Wage zusammensetzt, sind ohne viel Sorgfalt ausgeführt worden.

Erste Anmerkung.

Nachdem diese Eigenthümlichkeit in einer, wie mir scheint, unanfechtbaren Weise festgestellt ist, wird es leicht sein, mit Hülfe unserer Wage [606] die Kraft verschiedener Magnetnadeln sei es unter sich, sei es mit dem Moment eines am Ende eines gegebenen Hebels wirkenden Gewichtes zu vergleichen.

Es handelt sich bei dieser Operation nur darum, die verschiedenen Nadeln, welche man vergleichen will, eine nach der anderen in unserer Wage horizontal so aufzuhängen, dass sie sich frei in den magnetischen Meridian einstellen, wenn die Torsion des Aufhängedrahtes null ist; man wird darauf den Aufhängedraht mittelst des Mikrometers so tordiren, dass die aufgehängten Nadeln bei allen Versuchen einen und denselben Winkel mit dem magnetischen Meridiane bilden, und man wird aus diesem Experimente schliessen, dass, weil der mit dem magnetischen Meridian gebildete Winkel constant ist, das Moment der Kraft, mit der jede Nadel durch die erdmagnetische Wirkung in ihren Meridian zurückgezogen wird, dem Torsionswinkel, den das Experiment ergiebt, proportional ist.

Wir werden in einer anderen Abhandlung Gelegenheit haben, genauer auf diesen Gegenstand, sowie auf viele andere auf den Magnetismus bezügliche zurückzukommen.

Anwendung der magnetischen Wage zur Auffindung des Gesetzes, nach welchem die magnetischen Theilchen auf einander in verschiedenen Entfernungen einwirken.

Man magnetisirte einen auf der Ziehbank gezogenen Draht aus gutem Stahl von 24 Zoll [64,97 cm] Länge und 1¼ Linien

[0,34 cm] Durchmesser, und hing ihn horizontal in unserer magnetischen Wage auf; man untersuchte zunächst, mit welcher Kraft der Erdmagnetismus diese Nadel in ihren Meridian zurückzog, und man fand, dass die Nadel, wenn man den Aufhängedraht um zwei Umdrehungen weniger 20° tordirte, um 20° aus ihrem magnetischen Meridiane abwich, so dass es bei Winkeln von 20 bis 24° und darunter, bei denen die Sinus den Bogen nahezu proportional sind, [607] einer Torsionskraft von sehr nahe 35° bedurfte, um die Nadel um 1 Grad aus ihrem magnetischen Meridian zu entfernen.

Man stellte darauf einen anderen magnetisirten Draht von denselben Dimensionen vertical in den magnetischen Meridian, 11 Zoll und 2 Linien [30,23 cm] vom Aufhängungsmittelpunkte der ersten Nadel, indem man das Ende dieses Drahtes ungefähr um einen Zoll unter das Niveau der horizontal aufgehängten Nadel heruntersenkte, so dass, wenn sich die beiden Nadeln, die horizontal aufgehängte und die im Meridian der ersten vertical fest aufgestellte, berührt hätten, sie sich einen Zoll von ihren Enden getroffen haben würden; da sich jedoch die Nordpole oder die gleichnamigen Pole jeder Nadel gegenüberstanden, so stiessen sie sich gegenseitig ab, und die horizontale, in der Wage hängende Nadel wurde aus der Richtung ihres Meridians verdrängt und kam erst zur Ruhe, als die Abstossungskraft der entgegengesetzten Pole mit der Richtkraft der Erdkugel im Gleichgewicht war. Das Ergebniss der verschiedenen Versuche war folgendes.

Experiment.

Erster Versuch. Die horizontal ohne Torsion des Aufhängedrahtes aufgehängte Nadel wurde abgestossen und stellte sich ein auf 24° von ihrem magnetischen Meridiane aus.

Zweiter Versuch. Nach Torsion um drei Umdrehungen stellte sich die Nadel auf 17° ein von ihrem magnetischen Meridian aus.

Dritter Versuch. Nach Torsion um 8 Umdrehungen stellte sich die Nadel auf 12° ein von ihrem magnetischen Meridian aus.

Erklärung und Ergebniss dieses Experiments.

Wir sagten, dass die freie und nur von der magnetischen Wirkung der Erdkugel beeinflusste Nadel bei einer Torsionskraft von zwei Umdrehungen weniger 20° um 20° aus ihrem Meridiane auswich; als demnach die Nadel einen Winkel von

20" mit ihrem magnetischen Meridiane bildete, betrug die Kraft, die sie in diesen Meridian zurückzog, [608] 700°, und folglich wurde sie bei dem ersten Versuch, da sie um 24° aus ihrem Meridiane ausschlug, mit einer Kraft von 840° dahin zurückgezogen: da aber in Folge der Abstossung der Nadeln der Aufhängedraht um 24° tordirt war, so betrug die gesammte Abstossung 864°.

Bei dem zweiten Versuch stellte sich die Nadel ein auf 17° von ihrem magnetischen Meridiane aus: sie wurde also in diesen Meridian durch die erdmagnetische Wirkung mit einer Kraft von 595° zurückgezogen. Aber die Torsion, welche sie in diesem Abstand festhielt, betrug 3 Umdrehungen + 17°. Da nun diese Torsionskraft in demselben Sinne wirkte wie die erdmagnetische Kraft, so wurde die Wirkung der beiden Pole der Nadeln gemessen durch 1692°.

Beim dritten Versuch weicht die Nadel nur um 12° von ihrem magnetischen Meridiane ab. Also wird die Wirkung der Erdkugel nur durch eine Kraft von 420° gemessen. Aber wir finden bei diesem Versuche, dass es, um die Nadel auf diesen Abstand von 12° zurückzuführen, einer Torsion des Aufhängedrahtes um 8 Umdrehungen + 12° = 2892° bedurft hatte. Also wird die abstossende Kraft der beiden in 12° Abstand befindlichen Nadeln bei diesem letzten Versuch durch eine Torsion von 2892 + 420 = 3312° gemessen.

Folglich ist bei unseren Experimenten, bei denen die Abstände 24, 17, 12 sind, der reciproke Werth des Quadrats der Abstände gegeben durch die Zahlen $\frac{1}{576}, \frac{1}{289}, \frac{1}{144}$, die sich sehr nahe verhalten wie $\frac{1}{4}, \frac{1}{2}, 1$. Die Experimente ergeben aber für die entsprechenden abstossenden Kräfte 864, 1692, 3312, die sich ebenfalls sehr nahe wie die Zahlen, $\frac{1}{4}, \frac{1}{2}, 1$ verhalten. Denken wir uns also das ganze magnetische Fluidum in 10 Linien Entfernung vom Ende unserer 24zölligen Nadeln concentrirt, was, wie wir oben gesehen haben, erlaubt ist, so folgt daraus, dass die abstossende Wirkung des magnetischen Fluidums dem Quadrat der Entfernungen umgekehrt proportional ist.

Wir haben bei diesem Versuch die Wirkung der anderen Pole der Nadeln vernachlässigen können; denn da die Wirkung im umgekehrten Verhältniss der Entfernungen steht und da die Nadeln zwei Fuss Länge haben, diese anderen Pole sich also immer in einem wenigstens vier mal grösseren Abstand [609] als die ersten befinden und überdies sehr schief zur Längsrichtung der Nadeln wirken, so kann ihre Wirkung unser Ergebniss in keiner sehr merklichen Weise beeinflussen. Wenn der

Unterschied zwischen der Entfernung der verschiedenen Pole der Nadeln aber geringer als bei dem obigen Experimente wäre, so müsste man bei der Berechnung auf die gegenseitige Wirkung aller Pole und auf die Länge des Hebels, an dem jede dieser Wirkungen angreift, Rücksicht nehmen. Diese Rechnung würde nicht mehr Schwierigkeit haben als diejenige, welche wir oben ausgeführt haben, um das Wirkungscentrum der Nadelenden oder den Punkt in der Nähe dieser Enden zu bestimmen, in welchem man sich das magnetische Fluidum concentrirt denken darf.

Man kann ferner, mittelst der soeben beschriebenen magnetischen Wage unwiderleglich beweisen, dass das magnetische Fluidum in den nach der Methode des Doppelstrichs magnetisirten Stahldrähten nach den Enden dieser Drähte hin concentrirt ist.

Der Versuch, welcher zu diesem Ergebniss führt, ist folgendermaassen anzustellen. Nachdem man im magnetischen Meridian unserer Wage, ein verticales Lineal von zwei Linien [0,45 cm] Dicke neben dem Ende der freischwebenden Nadel aufgestellt hat, verschiebt man in verticaler Richtung an diesem Lineal entlang den magnetisirten Stahldraht derart, dass die gleichnamigen Pole sich gegenüberstehen, während die Schiene sich zwischen ihnen befindet. Da die beiden Enden oder die beiden Pole des Stahldrahtes und der Nadel sich abstossen, so tordirt man mittelst des Mikrometers den Aufhängedraht, bis man die horizontale Nadel zur Berührung mit dem Lineal zurückgeführt hat, so dass nur die Dicke des Lineals oder zwei Linien Abstand zwischen den nächsten Punkten der beiden Nadeln übrig bleiben; da aber der Stahldraht, den wir hinter das Lineal stellen, verticale Richtung hat, so üben alle Punkte der beiden Nadeln, welche sich in vier oder fünf Linien Abstand vom Kreuzungspunkte befinden, nur eine sehr geringe Abstossungskraft auf einander aus wegen ihrer Entfernung und der schiefen Richtung ihrer Wirkung; daher ist die Torsionskraft, welche man [610] anwenden muss, um die horizontal hängende Nadel in Berührung mit dem Lineal zu erhalten, proportional der Dichtigkeit des magnetischen Fluidums auf den zwei oder drei Linien Länge, welche an diejenigen Punkte der beiden Nadeln, die nur zwei Linien Abstand von einander haben, unmittelbar angrenzen. Verschieben wir also unseren Stahldraht vertical längs der Schiene, so werden wir alle Punkte dieses Drahtes nach einander in diesen kleinen Abstand von zwei Linien von der Nadel bringen, und die Torsionskraft der Aufhängung, welche die horizontal hängende Nadel in Berührung mit der Schiene erhält, wird der Dichtigkeit des magnetischen Fluidums in dem Punkte des verticalen Drahtes proportional sein, der sich bei jedem Versuche in zwei Linien Abstand von der Nadel befinden wird. Wenn man dieses Experiment versucht, so wird man finden, dass, wenn es einer Torsion von acht Umdrehungen für den Fall bedarf, dass der Schnittpunkt sich zwei Linien vom Ende des Drahtes befindet, nur zwei oder drei Umdrehungen bei einem Zoll und höchstens eine halbe Umdrehung bei zwei Zoll nöthig sind, und dass die Abstossung fast null ist, wenn das Ende des verticalen Stahldrahtes drei Zoll unter dem Ende der horizontal hängenden Nadel liegt. Man wird dasselbe für die Anziehung der ungleichnamigen Pole finden; aber es muss bemerkt werden, dass man, um sich auf das Ergebniss eines solchen Versuchs verlassen zu können, nur stark gehärtete Nadeln aus vorzüglichem Stahl benutzen und ihnen keinen zu hohen Grad von Magnetismus ertheilen darf; andernfalls werden, da bei diesem Versuch die Nadeln im Kreuzungspunkte nur zwei Linien Abstand haben, die Ergebnisse nicht mehr vergleichbar sein, wenn die Kraft des magnetischen Fluidums so gross ist, dass sich das Fluidum in den Theilen der Nadeln, die einander nahe kommen, verschieben kann. Man wird in einer anderen Abhandlung sehen, dass die Coercitivkraft, welche das magnetische Fluidum, nachdem es einmal durch die Operation des Doppelstriches concentrirt ist, an einer Verschiebung hindert, eine constante Grösse ist, welche sich ändert mit der Natur und der Härte des Stahls; aber dass, wenn ein Punkt einer Nadel bis zur Sättigung magnetisirt ist, [611] diese Coercitivkraft, die man der Reibung in der Mechanik vergleichen kann, der Resultante aller abstossenden und anziehenden Kräfte des ganzen in der Nadel vertheilten magnetischen Fluidums das Gleichgewicht hält, wobei die Kraft jedes Punktes in geradem Verhältniss zu den Dichtigkeiten und in umgekehrtem Verhältniss zum Quadrat der Entfernungen steht.

Zusammenfassung der in dieser Abhandlung enthaltenen Gegenstände.

Aus den obigen Untersuchungen ergiebt sich:

1. Dass sowohl die abstossende wie die anziehende Wirkung zweier elektrisirten Kugeln, und folglich zweier elektrischen Molecüle, im geraden Verhältniss der Dichtigkeiten des elektrischen Fluidums der beiden elektrisirten Molecüle und im umgekehrten Verhältniss des Quadrats der Entfernungen steht.

2. Dass bei einer nach der Methode des Doppelstrichs magnetisirten Nadel von 20 bis 25 Zoll Länge das magnetische Fluidum auf 10 Linien von den Enden der Nadel aus concentrirt gedacht werden kann.

3. Dass, wenn eine Nadel magnetisirt ist, sie immer, in welcher Lage sie sich in einer horizontalen Ebene auch gegen ihren magnetischen Meridian befinde, in diesen Meridian von einer constanten, dem Meridiane parallelen Kraft zurückgezogen wird, deren Resultante stets durch denselben Punkt der aufgehängten Nadel hindurchgeht.

4. Dass die anziehende und abstossende Kraft des magnetischen Fluidums, genau so, wie beim elektrischen Fluidum, in geradem Verhältniss zu den Dichtigkeiten und in umgekehrtem Verhältniss zum Quadrat der Abstände der magnetischen Molecüle steht.

Dritte Abhandlung
über
die Elektricität und den Magnetismus.

Von der Elektricitätsmenge, die ein isolirter Körper in einer gegebenen Zeit verliert, entweder durch die Berührung der mehr oder weniger feuchten Luft oder längs der mehr oder weniger idioelektrischen Stützen.

Von
Coulomb.

(Aus »Histoire et Mémoires de l'Académie royale. 1785. 612—638.)

Mit 2 Figuren im Text.

---

[612] Wenn ein elektrisirter leitender Körper durch idioelektrische Stützen isolirt ist, so lehrt die Erfahrung, dass die Elektrisirung dieses Körpers ziemlich schnell abnimmt und verschwindet. Gegenstand dieser Abhandlung ist zu ermitteln, nach welchen Gesetzen diese Abnahme stattfindet: die Kenntniss dieses Gesetzes ist durchaus nothwendig, um in der Folge die anderen Erscheinungen der Elektricität der Rechnung unterwerfen zu können, weil die zur Ergründung dieser Erscheinungen bestimmten Experimente, da sie nicht in einem und demselben Augenblicke ausgeführt werden können, unter sich nicht vergleichbar sind ohne die Kenntniss der Veränderung, die sie in der von einem zum anderen Experiment verfliessenden Zeit erleiden.

Zwei Ursachen scheinen vornehmlich bei dem Elektricitätsverlust der Körper zusammenzuwirken: erstens ist es wahrscheinlich, dass es in der Natur keine vollkommen isolirende Stütze giebt, d. h. dass es keinen Körper giebt, der für die Elektricität, wenn sie auf einen sehr hohen Grad von Intensität gebracht wird, ganz undurchdringlich wäre; dass überdies, selbst wenn dieser Körper vorhanden wäre, die Feuchtigkeit, mit der die Luft stets in einem gewissen Grade beladen ist, sich auf die Oberfläche der idioelektrischen Körper in grösserer oder geringerer Menge auflegt, je nachdem die Luft mehr oder weniger feucht ist, und [613] der idioelektrische Körper von Natur eine grössere oder geringere Affinität zum Wasser besitzt als die Lufttheilchen; daher geschieht es oft, dass die Wassertheilchen, welche auf der Oberfläche des einem elektrisirten Körper als Träger dienenden idioelektrischen Körpers verbreitet sind, einander näher als in der umgebenden Luft sind; und da diese Wassertheilchen Leiter der Elektricität sind, so geht in diesem Falle, wenn die als Träger dienenden idioelektrischen Körper nicht eine hinreichende Länge besitzen, die Elektricität leichter längs der Oberfläche der idioelektrischen Stütze, als durch die Berührung der Luft verloren.

Die zweite Ursache ist die, dass die aus verschiedenen Elementen zusammengesetzte atmosphärische Luft, welche den elektrisirten Körper umgiebt, mehr oder weniger idioelektrisch ist, sowohl durch die Natur dieser Elemente als durch ihre Affinität zu den Wassermolecülen; eine Affinität, die sich auch noch mit dem Wärmegrade ändert, so dass die Luft als zusammengesetzt aus einer Unzahl von theils idioelektrischen theils leitenden Elementen angesehen werden kann. Da aber ein leitender Körper sich stets mit einem Theil der Elektricität des Körpers, der ihn berührt, ladet und, sobald er mit dieser Elektricität geladen ist, von diesem Körper abgestossen wird, so folgt daraus, dass jedes Luftmolecül, das einen elektrisirten Körper berührt, sich mit der Elektricität dieses Körpers mehr oder weniger schnell ladet, je nachdem die elektrische Dichtigkeit des Körpers grösser oder kleiner und die Luft mehr oder weniger mit Feuchtigkeit oder elektrisch leitenden Theilchen erfüllt ist: sobald ein Luftmolecül mit Elektricität geladen ist, wird es von dem elektrisirten Körper fortgetrieben und durch ein anderes ersetzt, das sich seinerseits elektrisirt und fortgetrieben wird; indem jedes dieser Molecüle einen Theil der Elektricität des elektrisirten Körpers, den sie umgeben, mit sich fortnimmt, vermindert sich die elektrische Dichtigkeit mehr oder weniger schnell je nach dem Zustand der Atmosphäre. Die Darstellung, die wir soeben von der Art und Weise gegeben haben, in der die Elektricität durch die Berührung der Luft, deren unendlich kleine Theilchen [614] sich mit grosser Leichtigkeit bewegen, verloren geht, ist nicht anwendbar auf die Art, in der, wie die Erfahrung lehrt, die Elektricität längs der Oberfläche der Stützen verloren geht, wenn sie durch die Berührung mit der feuchten Luft unvollkommen idioelektrisch geworden sind; weil in diesem zweiten Falle die Wassertheilchen einen ziemlich hohen Grad von Adhäsion zu der Oberfläche der Stützen annehmen, und diese Adhäsion zuweilen grösser ist als die abstossende Wirkung, welche der elektrisirte Körper auf das Wassermolecül ausübt, an das er einen Theil seiner Elektricität abgegeben hat: daher kommt es, und dies Ergebniss wird durch das Experiment bestätigt, dass, wenn das dem elektrisirten Körper zunächst gelegene Feuchtigkeitsmolecül sich mit Elektricität geladen hat, diese Elektricität zum Theil auf das folgende Molecül übergeht, ohne dass dieses Molecül sich von der Stelle bewegt, und so fort von Molecül zu Molecül, bis zu einer gewissen Entfernung von dem Körper: also wird die Dichtigkeit jedes Molecüls sich in dem Maasse vermindern, als es weiter von dem elektrisirten Körper entfernt sein wird, weil es, da diese Wassermolecüle durch einen kleinen idioelektrischen Zwischenraum getrennt sind, eines gewissen Grades von Kraft bedarf, damit die Elektricität von einem Molecül zum andern übergehen könne. Der Widerstand, den dieser kleine idioelektrische Zwischenraum dem Abfluss des elektrischen Fluidums entgegengesetzt, kann augenscheinlich nur durch eine constante Grösse für einen constanten Zwischenraum dargestellt werden, und muss folglich der Differenz der Wirkung zweier auf einander folgenden Molecüle proportional sein. Wir werden sogleich sehen, dass die Rechnung und die Experimente, welche das Gesetz der Dichtigkeit des elektrischen Fluidums längs der unvollkommenen, idioelektrischen Träger bestimmen, mit der obigen Ueberlegung in Einklang stehen.

Die folgenden Untersuchungen sollen demnach zwei Ziele verfolgen; erstens zu bestimmen, nach welchem Gesetze die Elektricität durch die Berührung der Luft verloren geht; zweitens zu bestimmen, nach welchem Gesetze diese selbe Elektricität längs der Oberfläche der idioelektrischen Stützen verloren geht: da aber bei allen Experimenten, die man anstellen kann, die mit Elektricität geladenen leitenden Körper stets [615] von idioelektrischen Körpern getragen werden, so müssen diese Experimente natürlich immer ein Ergebniss liefern, das aus dem Elektricitätsverlust durch die Berührung der Luft und aus dem Elektricitätsverlust längs der Oberfläche der idioelektrischen Stütze zusammengesetzt ist, falls man nicht dahin gelangt, den Körper durch einen idioelektrischen Träger zu stützen, dessen Oberfläche verhältnissmässig weniger mit Feuchtigkeit oder mit leitenden Theilchen beladen wäre als die Molecüle der umgebenden Luft:

denn alsdann würde, wenn man die Berührungsfläche des elektrisirten Körpers und seines Trägers sehr verkleinert, die Abnahme der Elektricität des Körpers ausschliesslich von der Berührung der Luft herrühren. Dieser Ueberlegung gemäss versuchte ich es mit mehreren idioelektrischen Stoffen als Trägern für den elektrisirten Körper und fand, dass, wenn die elektrische Dichtigkeit des getragenen Körpers nicht sehr beträchtlich war, ein kleiner Cylinder von Siegellack oder Schellack von einer halben Linie [0,11 cm] Durchmesser und 18 bis 20 Linien [4,1 bis 4,5 cm] Länge fast immer genügte, um eine Hollundermarkkugel von fünf bis sechs Linien [1,13—1,35 cm] Durchmesser vollkommen zu isoliren; ich fand ebenso, dass, wenn die Luft trocken war, ein sehr feiner Seidenfaden, der durch kochenden Siegellack hindurchgezogen worden war und folglich nur einen kleinen Cylinder von höchstens ein Viertel Linie [0,056 cm] Durchmesser bildete, denselben Zweck erfüllte, vorausgesetzt dass man dem Faden eine Länge von fünf bis sechs Zollen [13,5 bis 16,2 cm] gab. Ein vor der Glasbläser-Lampe gezogener Glasfaden von fünf bis sechs Zoll Länge isolirte die Kugel nur an sehr trockenen Tagen und wenn sie sehr schwach geladen war; ebenso ist es mit einem Haar oder einem Seidenfaden, die nicht mit Siegellack oder, was noch besser ist, mit reinem Schellack überzogen sind.

Erster Theil.

Experimente, um den Elektricitätsverlust durch die Berührung der Luft zu bestimmen.

Ich habe in meiner ersten Abhandlung über die Elektricität die Beschreibung der Wage gegeben, deren ich mich bei allen [616] elektrischen Versuchen bediene. Man kann sich durch einen Blick auf die Zeichnung dieser Wage wieder ins Gedächtniss rufen, dass eine horizontale Nadel, bestehend aus einem mit Siegellack überzogenen Seidenfaden oder selbst aus einem Strohhalm, der in einen kleinen Schellackcylinder endigt, eine kleine Hollundermarkkugel von vier oder fünf Linien [0,9—1,1 cm] Durchmesser an ihrem Ende trägt, dass diese Nadel horizontal an einem Silberdraht von 25 Zoll Länge aufgehängt ist, und dass es nur einer Kraft von $\frac{1}{340}$ Gran [0,153 cm gr sec^{-2}] bedarf, um diesen Aufhängedraht um seine Axe um $360°$ zu tordiren, wenn man dazu an einem Hebel von 4 Zoll angreift; dass die Torsionskräfte im allgemeinen dem Torsionswinkel proportional sind, so dass man, um unseren Draht um 36^0 zu tordiren oder die Lage der Nadel um 36^0 zu ändern, nur $\frac{1}{3400}$ Gran anzuwenden braucht. Man muss sich ferner daran erinnern, dass sich die Torsionskraft dieses Aufhängedrahtes in sehr einfacher Weise messen lässt mittelst eines Mikrometers, das sich oben am Träger unserer Wage befindet, und dass, wenn man der Kugel der Nadel eine zweite Kugel von derselben Grösse und isolirt wie die der Nadel gegenüberstellt, ihre gegenseitige Wirkung, falls sie mit gleichartiger Elektricität geladen sind, sie von einander zu entfernen sucht; dass es schliesslich durch Torsion des Aufhängedrahtes mittelst des Mikrometers leicht ist, diese Wirkung zu messen, die, wie wir in jener Abhandlung fanden, genau dem Quadrat des Abstandes der beiden Kugeln umgekehrt proportional ist.

Um mit Hülfe dieser selben Wage das Gesetz zu bestimmen, nach dem ein elektrisirter Körper seine Elektricität in einer gegebenen Zeit verliert, erschien mir folgende Methode als die einfachste und genaueste.

Ich befestige an einem sehr feinen Seidenfaden, der mit Siegellack überzogen ist und in einen kleinen Cylinder von Schellack von 18 bis 20 Linien [4,1—4,5 cm] Länge endigt, eine kleine Kugel von Hollundermark, ähnlich derjenigen der Nadel; ich stecke sie durch das Loch des Deckels meiner Wage, wie ich es in meiner ersten Abhandlung gethan habe, [617] und stelle sie in derselben Weise ein.

Mit Hülfe einer Nadel mit grossem Kopfe, die ich mit Elektricität lade, und die wie in der ersten Abhandlung isolirt ist, elektrisire ich die beiden Kugeln gleichartig, was sehr leicht ist, indem man sie mit einander in Berührung bringt; wenn diese Kugeln elektrisirt sind, stossen sie sich gegenseitig ab und die Nadel kommt erst zur Ruhe, wenn der Abstand der beiden Kugeln so gross geworden ist, dass die Torsionskraft der Abstossungskraft gleich ist: ein Beispiel wird den Vorgang besser verständlich machen, als jede weitere Auseinandersetzung.

Ich nehme an, dass die Kugel der Nadel bis zu 40^0 abgestossen werde; ich führe sie durch Torsion des Aufhängedrahtes auf einen kleineren Abstand, z. B. auf 20^0, zurück, was, wie ich ferner annehme, durch eine Torsion des Aufhängedrahtes um 140^0 erreicht werde; ich beobachte den Augenblick, da die Kugel ganz genau auf 20^0 einsteht: da die Elektricität sich verliert, so werden sich die Kugeln einige Minuten nach der Einstellung einander nähern; um sie nun immer in der ersten Entfernung von

20" beobachten zu können, detordire ich mittelst des Index den Aufhängedraht um 30°, und da die Torsionskraft um diese 30° vermindert wird, so stossen sich die Kugeln um ein wenig mehr als 20° ab. Ich warte den Augenblick ab, in dem die Kugel der Nadel auf 20° ankommt, und ich zähle ganz genau die Zeit, welche zwischen den beiden Einstellungen verflossen ist; ich nehme an, diese Zeit betrage 3': aus diesem Versuch wird sich ergeben, dass bei der ersten Beobachtung, da der Abstand der Kugeln 20° betrug, die abstossende Kraft 140 + 20° zum Maass hatte; dass 3' später die abstossende Kraft bei demselben Abstande von 20° nur noch 110° + 20° betrug, d. h. dass sie sich um 30° vermindert hatte, oder um 10° in der Minute: folglich, da die mittlere Kraft zwischen den beiden Kugeln durch 145° gemessen wurde, und da sie um 30° in 3 oder um 10° in einer Minute abnimmt, so verminderte sich die elektrische Kraft zwischen den beiden Kugeln um $\frac{10}{145}$ in der Minute.

[618] Nach dieser Methode habe ich die erste Tabelle angefertigt, welche die Beobachtungen vom 28. Mai, 29. Mai, 22. Juni und 2. Juli enthält; ich habe diese vier Beobachtungen unter einer Unzahl von anderen ausgewählt, weil das Hygrometer an diesen vier Tagen beträchtliche Unterschiede im Feuchtigkeitsgehalte der Luft anzeigte und der Wärmegrad nahezu derselbe war.

Bemerkung zu nebenstehender Tabelle.

In dieser Tafel enthält die erste Spalte den Zeitpunkt der Beobachtung; die zweite den Abstand der beiden Kugeln; die dritte den durch das Mikrometer gegebenen Torsionsgrad; die vierte die Dauer der zwischen zwei aufeinander folgenden Beobachtungen verflossenen Zeit; die fünfte den Verlust der elektrischen Kraft in der zwischen zwei Beobachtungen verflossenen Zeit; die sechste die mittlere Abstossungskraft zwischen zwei aufeinander folgenden Beobachtungen, gemessen durch das Mittel der vom Mikrometer angegebenen Torsion unter Hinzurechnung des Abstandes der beiden Kugeln; endlich giebt die siebente Spalte das Verhältniss der in 1' verlorenen elektrischen Kraft zu der gesammten Kraft.

Man ersieht aus dieser siebenten Spalte, dass das Verhältniss der verlorenen elektrischen Kraft zur Gesammtkraft an demselben Tage oder bei demselben Feuchtigkeitszustande der Luft durch eine constante Grösse dargestellt ist, dass dieses Verhältniss sich

Ueber die Elektricität und den Magnetismus. 49

Erste Tabelle

über die Bestimmung der Elektricitätsmenge, die in einer Minute durch die Berührung der Luft verloren geht.

Zeitpunkt des Experimentes.	Abstand der Kugeln.	Torsion des Mikrometers.	Zeit zwischen 2 auf einander folgenden Beobachtungen.	Verlust an elektrischer Kraft zwischen 2 Beobachtungen.	Mittlere Kraft zwischen zwei Beobachtungen.	Verhältniss der in 1 Min. von dem Körper verlorenen Kraft zur mittleren Kraft.

Erstes Experiment am 28. Mai. Hygrometer 75°; Thermometer $15\frac{1}{2}$°; Barometer $28^h\ 3^l$.

Morgens
1. *Versuch* .. 6^h 32' 30" 30 120 } $5\frac{3}{4}$ 20 140 $\frac{1}{26}$
2. *Versuch* .. 6 38 15 30 100 } $6\frac{1}{4}$ 20 120 $\frac{1}{2\frac{1}{2}}$
3. *Versuch* .. 6 44 30 30 80 } $8\frac{1}{2}$ 20 100 $\frac{1}{11}$
4. *Versuch* .. 6 53 0 30 60 } 10 20 80 $\frac{1}{10}$
5. *Versuch* .. 7 3 0 30 40 } 14 20 60 $\frac{1}{12}$
6. *Versuch* .. 7 17 0 30 20

Zweites Experiment am 29. Mai. Hygrometer 69°; Thermometer $15\frac{1}{4}$°; Barometer $28^h\ 4^l$.

Morgens
1. *Versuch* .. 5^h 45' 30" 30 130 } $7\frac{1}{2}$ 20 150 $\frac{1}{56}$
2. *Versuch* .. 5 53 0 30 110 } $9\frac{1}{2}$ 20 130 $6\frac{1}{1}$
3. *Versuch* .. 6 2 30 30 90 } $9\frac{1}{2}$ 20 110 $\frac{1}{31}$
4. *Versuch* .. 6 12 15 30 70 } $20\frac{1}{2}$ 30 75 $5\frac{1}{2}$
5. *Versuch* .. 6 33 0 30 40 } 18 20 60 $3\frac{1}{3}$
6. *Versuch* .. 6 51 0 30 20

Drittes Experiment am 22. Juni. Hygrometer 87°, Thermometer $15\frac{1}{2}$°; Barometer $27^h\ 11^l$.

Morgens
1. *Versuch* . 11^h 53' 45" 20 80 } 3 20 90 $1\frac{1}{3\frac{1}{2}}$
2. *Versuch* . 11 56 45 20 60 } 3 20 70 $1\frac{1}{r}$
3. *Versuch* . 11 59 45 20 40 } $5\frac{1}{2}$ 20 50 $1\frac{1}{3\frac{1}{2}}$
4. *Versuch* . 12 5 0 20 20 } $11\frac{1}{2}$ 25 28 $1\frac{1}{3\frac{1}{4}}$
5. *Versuch* . 12 16 15 20 5

Viertes Experiment am 2. Juli. Hygrometer 80°; Thermometer $15\frac{1}{4}$°; Barometer $28^h\ 2^l$.

Morgens
1. *Versuch* .. 7^h 43' 40" 20 50 } $5\frac{1}{2}$ 20 90 $\frac{1}{17}$
2. *Versuch* .. 7 49 0 20 60 } $8\frac{1}{2}$ 20 70 $\frac{1}{15}$
3. *Versuch* .. 7 57 20 20 40 } 12 20 50 $3\frac{1}{5}$
4. *Versuch* .. 8 9 15 20 20 } $8\frac{1}{2}$ 10 35 $\frac{1}{10}$
5. *Versuch* .. 8 17 30 20 10

nur in dem Maasse geändert hat, als das Hygrometer eine Aenderung in der Feuchtigkeit der Luft ankündigte, woraus hervorgeht, dass für einen und denselben Zustand der Luft der Elektricitätsverlust immer der elektrischen Dichtigkeit proportional ist.

Nachdem das Gesetz der Abnahme der elektrischen Dichtigkeit durch die obigen Experimente bestimmt ist, ist es leicht den elektrischen Zustand der beiden Kugeln nach einer gegebenen Zeit zu berechnen: nehmen wir als Beispiel das erste Experiment unserer Tafel, bei dem, wie wir sahen, [619] die elektrische Wirkung der beiden Kugeln, deren anfängliche Elektrisirung dieselbe war, sich um $\frac{1}{41}$ in jeder Minute verringerte. Da die elektrische Dichtigkeit, wie wir soeben sahen, proportional den Dichtigkeiten abnimmt, so haben wir $-\left(\frac{d\delta}{\delta}\right) = m\,dt$, wo δ die Dichtigkeit jeder Kugel darstellt; da aber, wie man in dem nächsten Artikel sehen wird, diese Dichtigkeit um $\frac{1}{82}$ in der Minute abnimmt, so wird man für $dt = 1'$, haben $m = \left(\frac{1}{82}\right)$. Da also bei diesem Experiment $-\frac{d\delta}{\delta} = \left(\frac{dt}{82}\right)$ ist, so wird man durch Multiplication mit dem Modul μ des logarithmischen Systems erhalten $-\mu\frac{d\delta}{\delta} = \left(\frac{\mu\,dt}{82}\right)$, und als Integral davon $\frac{\mu t}{82}$ $= \log\left(\frac{D}{\delta}\right)$, unter D die anfängliche Dichtigkeit des elektrischen Fluidums auf jeder Kugel verstanden, und folglich $\frac{2\mu t}{82} = \frac{\mu t}{41}$ $= \log\left(\frac{D^2}{\delta^2}\right)$: da aber der Abstand constant bleibt, so ist D^2 proportional der anfänglichen Wirkung und δ^2 proportional der Wirkung zur Zeit t: folglich wird man unter Benutzung der gewöhnlichen Tafeln mit dem Modul $\mu = 0{,}4343$ erhalten $\frac{0{,}4343}{41} t = \log\left(\frac{D^2}{\delta^2}\right)$. Wenn man dieser Formel gemäss den Werth von δ dem ersten Experimente entnimmt, so findet man, dass beim ersten Versuch $D^2 = 150$, dass beim 6. Versuch $\delta^2 = 50$; also $\frac{0{,}4343}{41}t$ $= \log\frac{150}{50} = \log 3$; und folglich $t = \left(\frac{41\,\log 3}{0{,}4343}\right) = 45'$ nach dem Experiment. Der erste Versuch begann $6^h\ 32'\ 30''$; der 6. Versuch fand erst statt $7^h\ 17'$: was $44'\ 30''$ ergiebt anstatt der $45'$, die aus dem Experimente abgeleitet wurden.

[620]   Zweite Anmerkung.

Das in der siebenten Spalte der Tafel gegebene Verhältniss stellt genau den von dem elektrisirten Körper in einer Minute verlorenen Theil der Kraft im Verhältniss zur Gesammtkraft dar; aber dieses Verhältniss ist doppelt so gross wie dasjenige des Dichtigkeitsverlustes jedes Körpers zur Gesammtdichte; es ist leicht sich davon durch die folgenden Überlegungen zu überzeugen.

Wir haben in unsern ersten beiden Abhandlungen gesehen, dass, wenn zwei gleiche elektrisirte Kugeln auf einander wirkten, die gegenseitige Wirkung den elektrischen Dichtigkeiten direct und dem Quadrat der Entfernungen dieser beiden Kugeln umgekehrt proportional war. Da nun bei unseren Experimenten die beiden Kugeln gleich sind und im ersten Augenblicke eine gleiche Elektricitätsmenge empfangen haben, so wird ihre gegenseitige Wirkung, unter δ die elektrische Dichtigkeit und unter a den Abstand der beiden Kugeln verstanden, proportional mit $\left(\frac{\delta^2}{a^2}\right)$ sein, und die Aenderung dieser Wirkung im Zeitraume dt wird ebenso proportional mit $\left(\frac{2\delta \cdot d\delta}{a^2} + d\delta^2\right)$ sein; folglich wird das Verhältniss dieser Wirkungsänderung zur Wirkung unter Vernachlässigung von $d\delta^2$ gleich $\left(\frac{2d\delta}{\delta}\right)$ sein. Aber $\left(\frac{d\delta}{\delta}\right)$ ist das Verhältniss des Dichtigkeitsverlustes jeder Kugel zu ihrer Dichtigkeit, und folglich hat dasselbe zum Maass die Hälfte des Verhältnisses, das zwischen dem Wirkungsverluste und der in unseren Experimenten gegebenen Wirkung besteht; da nun für den 28. Juni unsere Tafel im Mittel $\frac{1}{41}$ für das Verhältniss der in einer Minute verlorenen elektrischen Kraft zur Gesammtkraft ergiebt, so folgt daraus, dass an demselben Tage die elektrische Dichtigkeit der Kugeln um $\frac{1}{82}$ in der Minute abnahm.

Durch eine Reihe von Experimenten derselben Art habe ich in gleicher Weise gefunden, dass [621] das Verhältniss der in einer Minute verlorenen Kraft zur Gesammtkraft immer eine constante Grösse blieb, auch wenn die Kugeln sehr verschiedenen Umfang hatten und die Elektricitätsmenge und die elektrische

Dichtigkeit jeder Kugel sehr verschieden waren; so dass z. B. am 28. Juni der Verlust der elektrischen Kraft in der Minute immer $\frac{1}{40}$ der Gesammtkraft betrug, auch wenn ich der Kugel der Nadel eine doppelt so grosse Kugel gegenüberstellte und dieser Kugel eine grössere oder kleinere elektrische Dichtigkeit, als der Nadel, ertheilte. Bei einiger Aufmerksamkeit wird man erkennen, dass, wenn in einer gegebenen Zeit die Dichtigkeit proportional ihrer Intensität abnimmt, das Ergebniss dieses Experiments eine nothwenige Folge der Theorie ist; denn da die Wirkung der beiden Kugeln, die an Grösse und Dichtigkeit verschieden sind, durch $m\left(\dfrac{D\delta}{a^2}\right)$ dargestellt wird, wobei m ein constanter, von der Oberfläche der Kugeln abhängiger Coefficient ist, D und δ die Dichtigkeiten und a die Entfernung bedeuten, so wird die Aenderung der Abstossungskraft dividirt durch diese Kraft, zum Maasse haben $\left(\dfrac{dD}{D} + \dfrac{d\delta}{\delta}\right)$, eine Grösse, welche stets eine constante Grösse sein wird, für alle Werthe von δ, D und m, vorausgesetzt, dass für dasselbe Zeitintervall dt
$$\frac{dD}{D} = \frac{d\delta}{\delta} = \text{einer constanten Grösse ist.}$$

Eine Bemerkung aber, auf die das Experiment führt, und welche mir die grösste Aufmerksamkeit zu verdienen scheint, ist die, dass, welche Gestalt auch ein elektrisirter Körper habe und wie gross er sei, die Abnahme der elektrischen Dichtigkeit im Verhältniss zu dieser Dichtigkeit in allen Fällen eine nahezu constante Grösse ist, wenn die Luft trocken und der Grad der Elektrisirung kein zu beträchtlicher ist. Ich habe dieses Experiment mit einer Kugel von einem Fuss Durchmesser angestellt, mit Cylindern von allen möglichen Dicken und Längen; ich habe die Kugeln in meiner elektrischen Wage [622] durch runde Scheiben von Papier oder Metall ersetzt; ich habe sogar an einem sehr trockenen Tage an eine der Kugeln einen kleinen Kupferdraht von 10 Linien [2,26 cm] Länge und $\frac{1}{4}$ Linie [0,06 cm] Durchmesser angesetzt, und ich habe bei Beobachtung der Abnahme der Elektricität an dem Tage, an welchem ich dieses Experiment ausführte, gefunden, dass die elektrische Dichtigkeit auf allen diesen Körpern, welche Gestalt sie auch hatten, um den hundertsten Theil in der Minute abnahm; nur muss man hinzufügen, dass die Körper von verschiedener Gestalt erst dann diese Gleichheit in der Abnahme der elektrischen Dichtigkeit ergeben, wenn diese Dichtigkeit bis auf einen gewissen Punkt herabgemindert ist; dass ferner alle eckigen Gestalten, wenn man ihnen eine sehr starke Elektrisirung ertheilt, schnell einen Teil dieser Elektricität verlieren nach Gesetzen, die wir bei Besprechung der Elektricität der Spitzen ermitteln werden; aber sobald die Elektrisirung auf einen gewissen Punkt herabgesunken ist, so wird für jede elektrische Dichtigkeit ihr Verhältniss zur Abnahme im Zeitintervall dt eine constante Grösse sein.

Eine zweite Beobachtung, die ich bei dem Experimente gemacht habe, ist die, dass die Natur des Körpers das Gesetz der Abnahme der Elektricität in keiner Weise beeinflusst; so hatte am 28. Juni, an dem nach unserer Tafel die Elektricität für Hollundermarkkugeln um $\frac{1}{32}$ in der Minute abnahm, diese Verminderung denselben Betrag für eine Kupferkugel und, was aussergewöhnlicher erscheinen wird, für eine Kugel von idioelektrischer Natur, die aus Siegellack bestand, und die man mit Elektricität geladen hatte, indem man einen stark elektrisirten Körper mit ihr berührte. Wir werden in der Folge Gelegenheit haben, auf alle diese Ergebnisse zurückzukommen, wenn wir durch Experiment und Berechnung die Gesetze der anderen elektrischen Erscheinungen ermittelt haben werden.

Dritte Anmerkung.

Wenn man nunmehr an der Hand der Tafel, welche die Abnahme der Elektricität in einer Minute darstellt, [623] die Beziehung zwischen dem grösseren oder geringeren Feuchtigkeitsgehalte der Luft und dieser Elektricitäts-Abnahme aufsuchen will, so wird man folgende kleine Tabelle zusammenstellen.

	Hygrometer	Wassermenge, die in einem Cubikfuss enthalten ist.	[in 1 cubm]	Elektricitätsverlust in der Minute.
Den 29. Mai	69	6,197 Gran	[9,68 gr]	$\frac{1}{60}$
Den 28. Mai	75	7,205	[11,26]	$\frac{1}{32}$
Den 2. Juli	80	8,045	[12,42]	$\frac{1}{15}$
Den 22. Juni	87	9,221	[14,26]	$\frac{1}{7}$

In dieser Tafel giebt die erste Spalte den Tag, an welchem das Experiment angestellt wurde; die zweite den Stand des Hygrometers von Herrn *de Saussure*; die dritte die Wassermenge, welche die Luft im Cubikfuss aufgelöst enthält, wenn das Thermometer zwischen 15 und 16° steht, berechnet nach einer kleinen Tabelle des zehnten Kapitels, p. 173 der Hygrometrie des Herrn *de Saussure*, welche für alle Grade des Thermometers die Wassermenge angiebt, welche die Luft enthält, bezogen auf den vom Hygrometer dieses Autors angegebenen Grad.

Wenn man aus dieser Tabelle ein Gesetz herauszurechnen sucht zwischen der Abnahme der Elektricität und der Wassermenge, die in einem Cubikfuss Luft enthalten ist, wenn das Thermometer, wie zur Zeit der vier Experimente, zwischen 15 und 16° steht, so erhält man, indem man mit m die Potenz bezeichnet, welche diese Beziehung ausdrückt, und indem man das erste Experiment mit den drei anderen vergleicht:

1. vergl. m. 2. . . . . . $\frac{60}{41} = \left(\frac{7,197}{6,180}\right)^m$, [13] woraus $m = 2,76$.

1. vergl. m. 3. . . . . . $\frac{60}{29} = \left(\frac{8,045}{6,180}\right)^m$, woraus $m = 2,76$.

1. vergl. m. 4. . . . . . $\frac{60}{14} = \left(\frac{9,221}{6,180}\right)^m$, woraus $m = 3,61$;

und das Mittel ergiebt $m = 3,04$.

[624] Darnach würde es scheinen, als ob die Abnahme der elektrischen Kraft oder, was auf dasselbe hinauskommt, der elektrischen Dichtigkeit, dem Cubus des in einem Volumen Luft enthaltenen Gewichtes Wasser proportional wäre.

Da aber dieses Ergebniss von mehreren Elementen abhängt, die vielleicht noch nicht mit genügender Sicherheit bestimmt sind, so bedarf es einer Bestätigung durch directe Untersuchungen. In dieser Absicht hatte ich mir zur Vervollständigung meiner Arbeit vorgenommen, elektrisirte Körper in verschiedene Luftarten einzuschliessen, dieser Luft verschiedene Grade von Dichtigkeit und Feuchtigkeit zu ertheilen und dann bei jedem Zustand dieser Luftarten das Gesetz für die Abnahme der Elektricität zu suchen; aber ich wurde bald inne, dass dieses Vorhaben viel Zeit, Geduld und Instrumente erforderte, die ich nicht besass, und die es noch nicht einmal giebt, um mit Genauigkeit den Grad der Reinheit jeder Luft und ihren Feuchtigkeitsgehalt zu messen: ich war zu meinem Bedauern gezwungen, wenigstens für den Augenblick auf eine Arbeit zu verzichten, auf die ich in der Folge zurückkommen zu können wünsche.

Vierte Anmerkung.

Bei den verschiedenen Versuchen, die in der allgemeinen Tabelle unserer Experimente enthalten sind, habe ich mich durch folgendes Verfahren versichert, dass die Elektricität ausschliesslich durch die Berührung der Luft, und nicht längs der idioelektrischen Körper, welche die Träger bildeten, verloren ging.

Ich bestimmte die Elektricitätsmenge, die in einer Minute verschwindet, wenn die in der elektrischen Wage befindlichen Kugeln von einem einzigen mit Siegellack überzogenen Seidenfaden, der in einen Schellackfaden von 18 Linien Länge auslief, getragen wurden; dieselbe ist in der Tabelle der Experimente aufgeführt; ich liess darauf vier Fäden die Kugel berühren, die dem als Träger dienenden vollkommen gleich waren, und bestimmte bei diesem Zustande die Abnahme der Elektricität in einer Minute, die ich ebenso gross fand, als wenn nur ein einziger Träger vorhanden gewesen wäre: [625] da man bei diesem Experiment vier Stützen statt einer einzigen hat, so würde offenbar, wenn ein merklicher Theil der Elektricität durch die Stützen verloren gegangen wäre, die Abnahme erheblich grösser gewesen sein für den Fall, dass die Kugel von vier mit Siegellack überzogenen Fäden berührt wurde, als dann, wenn sie von einem einzigen Faden getragen war; und da das Experiment das Gegentheil bewiesen hat, so folgt daraus, dass die Elektricität ausschliesslich durch die Berührung der Luft und nicht längs der als Träger dienenden idioelektrischen Körper verloren ging.

Fünfte Anmerkung.

In dem Maasse als der vom Thermometer angegebene Wärmegrad steigt, wächst auch mit dieser Wärme die Wassermenge, welche ein bestimmtes Luftvolumen in Lösung enthält, auch wenn das Saussure'sche Hygrometer, das zur Vergleichung unserer Experimente diente, auf demselben Grade stehen bleibt. Da aber augenscheinlich die schnellere oder langsamere Abnahme der Elektricität von der Wassermenge oder der Zahl der leitenden Theilchen abhängt, die sich in einem und demselben Luftvolumen befinden, so muss die Elektricität bei demselben Hygrometergrade an warmen Tagen schneller verschwinden als an kalten. Das bestätigt das Experiment in der That stets; aber es erübrigt zu untersuchen, ob bei verschiedenen Wärmegraden die Elektricitätsabnahme einzig und allein von der in einem bestimmten Luftvolumen enthaltenen Wassermenge abhängt.

Hier lassen uns die Experimente im Stich: man findet zwar in dem vortrefflichen Essai d'hygrométrie des Herrn *de Saussure*, Capitel X, pag. 181, eine Tabelle, welche die Beziehung der Grade seines Hygrometers zu der in einem Cubikfuss Luft bei jedem Thermometergrad enthaltenen Wassermenge darstellt. Aber Herr *de Saussure* erklärt, dass er für diese Tafel nicht einsteht, die er nur veröffentlicht hat, um von der Reduction der Experimente, die er später anzustellen gedenkt, eine Probe zu geben. Alle Resultate also, die wir ziehen könnten, indem wir auf Grund dieser Tabelle [626] den Elektricitätsverlust mit der in einem Cubikfuss Luft bei dem beobachteten Wärme- und Hygrometergrade vorhandenen Wassermenge vergleichen, würden nur hypothetisch sein. Man kann im Allgemeinen nur sagen, dass in dem Maasse als der Wärmegrad steigt, die Elektricität augenscheinlich nicht so schnell verloren geht, wie sie verloren gehen müsste, wenn man nach dieser Tabelle die Wassermenge berechnet, welche ein Cubikfuss Luft enthält, d. h. dass, die Richtigkeit der Tabelle von *Saussure* zugegeben, ein Cubikfuss Luft, der z. B. sechs Gran Wasser gelöst enthält, idioelektrischer oder ein schlechterer Leiter der Elektricität wird, in dem Maasso als die Wärme steigt.

Sechste Anmerkung.

Ehe ich diesen ersten Theil meiner Abhandlung schliesse, muss ich noch bemerken, dass, auch wenn das Thermometer, das Hygrometer und selbst das Barometer an verschiedenen Tagen dieselben Grade anzeigen, trotzdem die Abnahme der Elektricität nicht immer dieselbe ist: man kann, wie mir scheint, diese Verschiedenheiten durch keine andere Ursache erklären als durch die Zusammensetzung der Luft, welche aus verschiedenen, mehr oder weniger idioelektrischen Elementen besteht, deren Dichtigkeit und Mengenverhältniss fast beständig schwankt, und die verschiedene Grade von Affinität zu den Wasserdämpfen besitzen. Das einzige, was man ziemlich allgemein beobachtet, ist die Thatsache, dass, wenn das Wetter sich plötzlich ändert, und das Hygrometer in einigen Stunden merklich von Feuchtigkeit auf Trockenheit übergeht, der Verlust der Elektricität im Verhältniss zu ihrer Dichtigkeit während einiger Zeit grösser bleibt, als er nach dem vom Hygrometer angezeigten Grade von Trockenheit sein müsste; und umgekehrt, wenn das Hygrometer plötzlich von trocken auf feucht geht. Wenn z. B. das Hygrometer in zwölf oder fünfzehn Stunden um 8 oder 10° von feucht auf trocken geht, und dann mehrere Tage lang auf diesem Grade von Trockenheit stehen bleibt, so wird man oft beobachten, dass, wenn die elektrische Dichtigkeit am ersten Tage nach diesem Fallen des Hygrometers [627] um $\frac{1}{30}$ in der Minute abnimmt, einige Tage später, obwohl die vom Hygrometer angezeigte Trockenheit unveränderlich bleibt, die elektrische Dichtigkeit nur noch um $\frac{1}{100}$ in der Minute abnimmt. Könnte die Ursache dieser Erscheinung nicht darin bestehen, dass die Wasserdämpfe nach einigem Verweilen in der Luft eine immer grösser werdende Adhäsion zu ihr erlangen, und dass das Hygrometerhaar nur diejenigen Wassertheilchen anzieht, die noch frei sind und die einen schwächeren Grad von Adhäsion zu der Luft als die ersteren haben, woraus sich ergeben würde, dass bei den plötzlichen Aenderungen das Hygrometer nur die Menge der freien Wassertheilchen in der Luft und nicht die absolute Menge dieser Theilchen anzeigen würde? Dieser Ansicht würde der Umstand eine Stütze zu verleihen scheinen, dass der Elektricitätsverlust sich fast immer nach Verlauf einiger Stunden zum Hygrometer in feste Beziehung setzt, sobald die schnelle Veränderung von Trockenheit oder Feuchtigkeit in Begleitung eines heftigen Windes stattfindet, und dass man das Gegentheil nur bei ruhigem Wetter zuweilen findet. Doch wäre es möglich, dass diese Erscheinung ausschliesslich von der Feuchtigkeit oder Trockenheit der Körper herrührte, welche sich in der Nähe der Nadel befinden.

Da diese Bemerkung, wie wir sagten, ebenso wie die dritte, auf mehreren noch unsicheren, hygrometrischen Elementen beruht, so sind die Ergebnisse nur hypothetisch und dürfen nicht mit den Hauptpunkten dieser Abhandlung vermengt werden, welche eine Reihe systematisch verfolgter Experimente zur Grundlage haben.

Zweiter Theil.

Von der Elektricitätsmenge, welche längs der unvollkommen idioelektrischen Träger verloren geht.

Wir haben im ersten Theile dieser Abhandlung gesehen, dass, wenn die Elektricität sich durch die Berührung der Luft verliert, die augenblickliche Abnahme der Elektricität sehr genau

628] der elektrischen Dichte des elektrisirten Körpers proportional ist. Man wird sich erinnern, dass wir, um bei den Experimenten, welche zu diesem Ergebniss zu führen geeignet waren, ganz sicher zu gehen, darauf sehen mussten, den elektrisirten Körper durch einen möglichst idioelektrischen Träger zu isoliren. Um dieselbe Methode bei der gegenwärtigen Untersuchung zu befolgen, müsste man die Körper an Isolatoren befestigen, deren Idioelektricität so unvollkommen wäre, dass der Elektricitätsverlust längs dieser Stützen sehr viel grösser wäre als die Elektricitätsmenge, welche der Körper durch die Berührung mit der Luft verliert. Aber man sieht ein, dass, je grösser dieses Verhältniss sein wird, um so schneller die Elektricität des elektrisirten Körpers sich verlieren wird. Da nun bei der Ausführung der Experimente die Nadel von dem Augenblicke an, in dem die von der Nadel getragene Kugel in der elektrischen Wage elektrisirt wird, einige Minuten lang hin und her pendelt, da sie ebenso schwankt, so oft man das Mikrometer berührt, um die Torsion des Aufhängedrahtes zu vermehren oder zu vermindern, so sieht man, dass die Elektricität, wenn sie sich sehr rasch verlöre, bei jeder Beobachtung fast vollständig verschwunden sein würde, ehe die Nadel zur Ruhe käme und man ihre Lage genau bestimmen könnte: dieser praktische Uebelstand hat uns daher genöthigt, Träger anzuwenden, welche genügende idioelektrische Stärke besassen, um mehrere Beobachtungen hinter einander anstellen zu können, ohne die Kugeln jedesmal zu elektrisiren. Es ist dann leicht, bei diesen Experimenten den Theil der Elektricität, der durch die Berührung der Luft verloren geht, und den längs der Stützen verlorenen rechnerisch zu ermitteln.

Die zweite Tabelle ist nach dem Muster der ersten gebildet, so wie es die Ueberschriften angeben: aber die in das Loch der Wage eingeführte Kugel, die bestimmt ist die Kugel der Nadel abzustossen, ist nicht mehr, wie bei den Experimenten des ersten Theiles, durch einen kleinen Schellack-Cylinder von fünfzehn bis achtzehn Linien Länge isolirt, sondern wird von einem einfaserigen Coconfaden getragen; [629] dieser Faden hat fünfzehn Zoll Länge. Die beiden Experimente dieser zweiten Tabelle sind, wie diejenigen der ersten, am 25. und 29. Mai angestellt worden. Die erste Tabelle bestimmt die Elektricitätsmenge, welche durch die Berührung der Luft verloren ging; vergleicht man also das Ergebniss dieser ersten Tabelle mit dem der zweiten, so wird es leicht sein, die Elektricitätsmenge, welche in jedem Augenblick längs der Träger verloren ging, zu ermitteln.

Aber zu einer sehr wichtigen Bemerkung führt uns diese zweite Tabelle, dass nämlich die Abnahme der Elektricität,

Zweite Tabelle

über die Bestimmung des Elektricitätsverlustes längs der uncollkommenen, idioelektrischen Träger.

Zeitpunkt des Experimentes.	Abstand der Kugeln.	Torsion des Mikrometers.	Zeit zwischen 2 auf einander folgenden Beobachtungen.	Verlust an elektrischer Kraft zwischen 2 Beobachtungen.	Mittlere Kraft zwischen zwei Beobachtungen.	Verhältniss der in 1 Min. verlorenen zu der übrig bleibenden elektrischen Kraft des Körpers.
\multicolumn{7}{c}{Erstes Experiment am 28. Mai.}
1. Versuch ..10ʰ 0′ 0″	30	150	2½	30	165	1/66
2. Versuch ..10 2 30	30	120	5½	40	130	1/16
3. Versuch ..10 8 0	30	80	5	20	100	1/15
4. Versuch ..10 13 0	30	60	16¼	40	70	1/29
5. Versuch ..10 29 30	30	20	21	20	40	1/42
6. Versuch ..10 50 30	30	0	16½	10	25	1/41
7. Versuch ..11 7 0	30	−10				
\multicolumn{7}{c}{Zweites Experiment am 29. Mai.}
1. Versuch ..7ʰ 34′ 0″	30	150	2′ 40″	20	170	1/23
2. Versuch ..7 36 40	30	130	4 50	20	150	1/36
3. Versuch ..7 41 30	30	110	6 50	20	130	1/44
4. Versuch ..7 48 20	30	90	7 25	20	110	1/43
5. Versuch ..7 55 45	30	70	11 45	20	90	1/53
6. Versuch ..8 7 30	30	50	17 30	20	70	1/61
7. Versuch ..8 25 0	30	30	17 30	15	50	1/58
8. Versuch ..8 42 30	30	15	22 30	14	38	1/60
9. Versuch ..9 5 0	30	1				

welche anfangs, wenn die Dichtigkeit beträchtlich ist, eine viel raschere ist, als sie sein müsste, wenn sie ausschliesslich von der Berührung der Luft herrührte, bei beiden Experimenten der zweiten Tabelle schliesslich, wenn die elektrische Dichtigkeit der von dem Seidenfaden getragenen Kugel auf einen gewissen Grad herabgesunken ist, genau ebenso gross wird, wie wenn die Idioelektricität des Isolators eine vollkommene wäre, oder besser gesagt, wie wenn der Elektricitätsverlust ganz von der Berührung der Luft herrührte, wie bei der ersten Tabelle.

Es geht aus dieser Beobachtung mit Gewissheit hervor, dass unser Seidenfaden von fünfzehn Zoll Länge vollkommen isolirt, wenn, beim ersten Experiment unserer zweiten Tabelle, die gegenseitige Wirkung der beiden Kugeln durch eine Torsionskraft von 40° oder darunter gemessen wird, weil alsdann der elektrische Verlust nur $\frac{1}{12}$ in der Minute beträgt, ebensoviel wie der, welcher für denselben Tag in der ersten Tabelle gefunden worden war, und welcher, wie in dem ersten Theile dieser Abhandlung bewiesen wurde, ausschliesslich von der Berührung der Luft herrührt. Es folgt ebenso aus dieser selben Beobachtung, dass bei dem zweiten Experiment unserer zweiten Tabelle der Seidenfaden von fünfzehn Zoll Länge vollkommen isolirte, als die abstossende Wirkung der beiden Kugeln 70° und darunter betrug, weil alsdann der Verlust der elektrischen Wirkung nur $\frac{1}{60}$ ausmachte, so wie wir ihn an demselben Tage in der ersten Tabelle gefunden hatten. [630] Auf Grund des Satzes, dass die abstossenden Kräfte für eine constante Entfernung durch das Product der Dichtigkeiten der beiden gleichen Kugeln gemessen werden, wollen wir nunmehr das Verhältniss abzuleiten suchen, welches zwischen der anfänglichen Dichte und den Dichtigkeitsgraden der von dem Seidenfaden getragenen Kugel besteht, wenn dieser Seidenfaden anfängt, diese Kugel vollkommen zu isoliren.

Bestimmung der elektrischen Dichtigkeit der von dem Seidenfaden getragenen Kugel, wenn dieser Seidenfaden vollkommen zu isoliren beginnt.

Eine Anwendung der im ersten Theile dieser Abhandlung entwickelten Rechnung, nebst Vergleichung mit dem Ergebniss des ersten Experiments unserer zweiten Tabelle wird genügen, um die Methode klar zu machen, die wir bei dieser Untersuchung befolgen müssen. Bei dem ersten Experiment unserer zweiten Tabelle, welches um 10 Uhr begann, haben wir den beiden Kugeln eine gleiche Menge elektrischen Fluidums mitgetheilt, da diese Kugeln gleich gross sind und man Sorge trug, sie mit einander in Berührung zu bringen, nachdem sie elektrisirt worden waren. Die von der Nadel getragene Kugel, welche mittelst Schellacks isolirt ist, verlor an jenem Tage $\frac{1}{12}$ ihres elektrischen Fluidums in der Minute, und verlor dieses Fluidum einzig und allein durch die Berührung der Luft. Die von dem Seidenfaden getragene Kugel verlor ihre Elektricität durch die Berührung der Luft und längs ihres unvollkommen idioelektrischen Trägers: erst um zehn Uhr vierzig Minuten herum fing der Seidenfaden

Ueber die Elektricität und den Magnetismus. 61

an diese Kugel vollkommen zu isoliren, und zu dieser Zeit hatte die abstossende Kraft der beiden Kugeln zum Maass 40°; um zehn Uhr dagegen, beim Beginn des Experimentes, hatte die abstossende Kraft der beiden Kugeln, beide mit einer gleichen Menge elektrischen Fluidums geladen, 180° zum Maass, wie es der erste Versuch dieses Experimentes angiebt: also war die elektrische Dichtigkeit jeder Kugel [631] um zehn Uhr proportional mit $\sqrt{180}$, da die Wirkung für eine constante Entfernung stets dem Product der Dichtigkeiten proportional ist und die Dichtigkeiten beim ersten Versuche gleich waren. Wir haben aber im ersten Theile dieser Abhandlung gesehen, dass die Abnahme der Elektricität bei der Berührung mit der Luft durch die Formel $\frac{d\delta}{\delta} = m\,dt$ ausgedrückt wurde, in der m bei unserm ersten Versuche $= \frac{1}{82}$ war; diese Formel ergiebt integrirt $\log\left(\frac{D}{\delta}\right) = \frac{0,4343}{82} t$, wo D die anfängliche Dichtigkeit der Kugel, δ ihre Dichtigkeit am Ende der Zeit t, 0,4343 der Modul des decimalen, logarithmischen Systems der gewöhnlichen Tafeln ist; also wird man haben $\log \delta = \log D - \frac{0,4343}{28} t$; suchen wir also den Betrag der Dichtigkeit nach 40^m, wenn der Seidenfaden vollkommen zu isoliren anfängt, so finden wir für die Kugel der Nadel, welche von Schellack getragen wird und während des ganzen Experimentes vollkommen isolirt ist, unter der Annahme $D = \sqrt{180}$, $\log \delta = 1,1276 - 0,2648 = 0,8628$. Also wurde δ oder die Dichtigkeit der Kugel der Nadel um $10^h\,40'$ durch die Zahl 7,3 ausgedrückt, während sie 40' vorher bei Beginn des Experimentes durch $\sqrt{180} = 13,4$ gemessen wurde; da aber die Wirkung der beiden Kugeln stets dem Product der Dichtigkeiten proportional ist, so erhält man, unter z die Dichtigkeit der von dem Seidenfaden getragenen Kugel verstanden, für den Zeitpunkt, in dem dieser Faden vollkommen isolirt und die Wirkung der beiden Kugeln 40° zum Maass hat, $7,3\,z = 40°$ oder $z = \frac{40}{7,3} = 5,5$; woraus man schliesst, dass die elektrische Dichtigkeit der von dem Seidenfaden von fünfzehn Zoll Länge getragenen Kugel durch die Zahl 5,5 ausgedrückt wird, wenn der Faden vollkommen zu isoliren anfängt, während sich die beiden Kugeln in 30° Abstand von einander befinden. [632] Indem ich gemäss dieser Rechnung mehrere Experimente mit einander verglich, fand ich, dass ein kleiner Schellackcylinder von 18 Linien Länge [4,06 cm] erst aufhörte vollkommen zu isoliren, als die Kugel mit einer fast dreimal so grossen elektrischen Dichtigkeit geladen war, wie im Falle unseres Seidenfadens, d. h. dass, wenn man die Zahl 5,5 für die elektrische Dichtigkeit der von unserm Seidenfaden von fünfzehn Zoll Länge getragenen Kugel annimmt für den Augenblick, da er vollkommen zu isoliren anfängt, man diese Dichtigkeit fast verdreifachen müsste, um diejenige zu erhalten, bei der ein kleiner Schellackcylinder von achtzehn Linien Länge vollkommen zu isoliren beginnt, bez. zu isoliren aufhört, sobald die Dichtigkeit grösser ist: nach dieser Theorie wird es leicht sein, nach Belieben experimentell den Grad von Idioelektricität der verschiedenen Körper zu bestimmen, deren man sich zu bedienen pflegt, um die elektrisirten Körper zu isoliren. Die Versuche, welche ich in dieser Richtung angestellt habe, sind nicht zahlreich genug, um ihre Ergebnisse bis jetzt zu veröffentlichen: man erkennt überdies, dass diese Ergebnisse für einen und denselben Körper sich mit der Wärme und der Feuchtigkeit der Luft ändern, und dass jeder Tag ein anderes Verhältniss ergiebt.

Nachdem ich gefunden hatte, dass es bei den unvollkommen idioelektrischen Stützen immer einen gewissen Grad von elektrischer Dichtigkeit gab, unterhalb dessen diese Stützen vollkommen isolirten, suchte ich nach den soeben auseinandergesetzten Methoden die Beziehung zwischen dieser elektrischen Dichtigkeit und der Länge der Stützen zu ermitteln; und die Erfahrung zeigte mir, dass der Grad elektrischer Dichtigkeit, bei dem ein Seidenfaden, ein Haar, und jeder sehr feine cylindrische Körper von unvollkommener Idioelektricität zu isoliren anfängt, bei derselben Beschaffenheit der Luft der Wurzel aus der Länge proportional war; so dass z. B., wenn ein Seidenfaden von einem Fuss Länge den Körper bei der Dichtigkeit D vollkommen zu isoliren anfängt, ein Faden von vier Fuss ihn bei der Dichtigkeit $2D$ zu isoliren beginnen wird.

Was das Experiment uns hier lehrt, steht mit der Theorie im Einklang, wenn man annimmt, wie wir es [633] in unsern beiden ersten Abhandlungen bewiesen haben, dass die Wirkung des elektrischen Fluidums dem umgekehrten Verhältnisse des Quadrats der Entfernungen folgt, und dass die Unvollkommenheit der Idioelektricität der Körper von der idioelektrischen Entfernung abhängt, in der sich die leitenden Molecüle befinden, welche einen Bestandtheil des unvollkommenen idioelektrischen Trägers ausmachen, oder längs seiner Oberfläche ausgebreitet sind; dass folglich das elektrische Fluidum, um von einem leitenden Molecül zum andern zu gelangen, einen kleinen idioelektrischen Raum überschreiten muss, der grösser oder kleiner ist, je nach der Natur des Körpers, und dass dieser zu überschreitende Raum einen für denselben Körper constanten Widerstand darbietet, weil diese leitenden Molocüle gleichförmig oder in gleichem Abstand von einander vertheilt sind. Diese Annahmen zugestanden, wird man für die Anwendung der Theorie in Betracht ziehen, dass bei einem sehr feinen, leitenden Faden das elektrische Fluidum sich gleichförmig auf seiner ganzen Länge vertheilen würde, dass, wenn dieser Faden einen gewissen Grad von Idioelektricität besitzt, und das Fluidum auf ihm nach irgend einem Gesetze verbreitet ist, die Wirkung, welche jeder Punkt erfahren würde, einzig von der elektrischen Dichtigkeit des mit diesem Punkt in Berührung befindlichen Molecüles abhängen würde, und dass die Wirkung des übrigen Fadens als null betrachtet werden kann. Der Beweis dieser beiden Behauptungen ist folgender: in der Fig. 1 stellt fi einen Faden

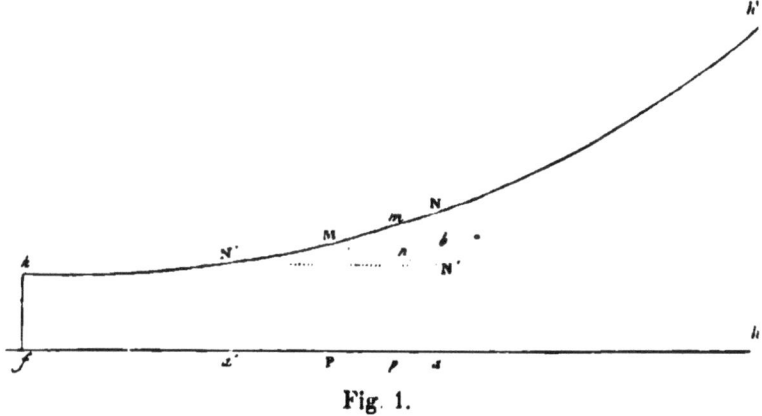

Fig. 1.

dar, dessen sämmtliche Theile nach dem umgekehrten Verhältniss des Quadrats der Entfernungen auf einander wirken; die Curve hMh' stellt die elektrische Dichtigkeit jedes Punktes des Fadens dar; auf der Länge dieses Fadens nehme ich zwei gleiche Abschnitte Pa und Pa', endlich, aber klein genug, dass MNb praktisch als ein Dreieck angesehen werden kann.

Es sei $Mn = Pp = x$, $\frac{bN}{bM} = a^{11}$; nm wird $= ax$ sein und die Wirkung, welche der Punkt M mit der Dichtigkeit D von Seiten des kleinen in p gelegenen Elementes dx erfährt, wird $\frac{Daxdx}{x^2} = Da\left(\frac{dx}{x}\right)$ sein; integrirt man diese Grösse und nimmt an, dass sie für $x = A$ verschwinde, so erhält man für die Wirkung des ganzen Theiles $pP: Da \log\left(\frac{x}{A}\right)$ eine Grösse, welche endlich sein wird, so lange A endlich ist, die aber für $A = 0$ unendlich wird: daraus folgt, dass die Wirkung, welche der Punkt P erfährt, einzig von dem Increment der Dichtigkeit in dem unmittelbar an den Punkt P grenzenden Elemente abhängt, und dass die Dichtigkeit der übrigen Linie keinen Einfluss darauf hat; daraus folgt ferner, dass, wenn diese Wirkung von einem Fluidum herrührt, das sich frei längs des Fadens bewegen kann, oder wenn dieser Faden ein vollkommener Leiter ist, das Fluidum, welches nach dem umgekehrten Verhältniss des Quadrats der Entfernungen wirkt, sich gleichförmig über die ganze Länge dieses Fadens verbreiten wird: die elektrische Dichtigkeit der Enden dieses Fadens werden wir später bestimmen.

Wenden wir das obige Ergebniss auf die vorliegende Frage an: die Kugel in C (Fig. 2) wird von einem Seidenfaden AB

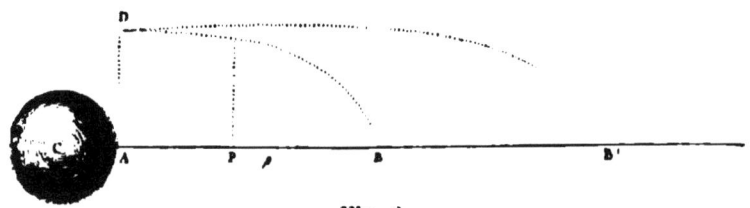

Fig. 2.

getragen, dessen Idioelektricität unvollkommen ist, d. h. der mit jedem seiner Elemente dem Abfluss dieses Fluidums einen constanten Widerstand A entgegenstellt; es sei A' die im Mittelpunkte vereinigte elektrische Masse der Kugel; δ die elektrische Dichtigkeit in p; für die Gesammtwirkung, mit der der Punkt p von dem elektrischen Fluidum abgestossen wird, erhält man $\frac{A'\delta}{(R+x)^2} - \frac{\delta d\delta}{dx}$, eine Grösse, welche dem idioelektrischen

Widerstande B des Fadens gleich ist, der, wie wir gesehen haben, eine constante Grösse sein muss. Man nimmt $d\delta$ negativ, weil δ mit wachsendem x abnimmt; aber wir werden in der nächstfolgenden Abhandlung beweisen, dass die Wirkung der kleinen elektrisirten Kugel C auf den Punkt P unvergleichlich geringer ist, als die Wirkung des mit dem Increment von δ multiplicirten Elementes dx: man kann also ohne merklichen Fehler das erste Glied $\dfrac{A'\delta}{(R+x)^2}$ vernachlässigen, und die Gleichung wird sich beschränken auf: $-\dfrac{\delta d\delta}{dx} = B$, was integrirt ergiebt: $K - \dfrac{\delta^2}{2} = Bx$. [635] Für $x = 0$ wird aber δ gleich der Dichtigkeit D der Kugel; also werden wir die allgemeine Gleichung haben $D^2 - \delta^2 = 2Bx$; und wenn man in dieser Gleichung $\delta = 0$ setzt, wird sie die Länge x ergeben, bei der der Faden anfängt, vollkommen zu isoliren, und man wird alsdann erhalten $x = \dfrac{D^2}{B}$: also verhalten sich die Längen verschiedener Seidenfäden oder irgend welcher unvollkommen idioelektrischer Träger wie die Quadrate der Dichtigkeiten, sobald sie anfangen vollkommen zu isoliren, so wie wir es experimentell gefunden hatten; aus der Formel ist leicht zu ersehen, dass die Curve, welche in unserer Figur die Dichtigkeit der Elektricität für jeden Punkt des Seidenfadens darstellt, eine Parabel ist, deren Axe BA ist, deren Scheitel in B, dem Punkt mit der Dichtigkeit null liegt, und deren concave Seite der Kugel zugewendet ist: denn da wir haben $(D^2 - \delta^2) = Bx$ und $AB = \left(\dfrac{D^2}{B}\right)$, so wird man erhalten $Bp = \left(\dfrac{D^2}{B} - x\right) = z$ oder $x = \left(\dfrac{D^2}{B} - z\right)$: setzt man diesen Werth von x in unsere Gleichung ein, so erhält man $(\delta^2 = Bz)$, die Gleichung einer Parabel, deren Scheitel in B liegt, deren Axe Bp und deren Parameter B ist, eine Grösse, die mit der Idioelektricität des Trägers wächst.

Ueberdenkt man die Theorie, die wir soeben entwickelt haben, so sieht man leicht, dass die obige Formel die Verteilung des elektrischen Fluidums längs eines unvollkommenen idioelektrischen Trägers bestimmt unter der Annahme, dass man, wie es bei unseren Experimenten geschah, der von der Seide getragenen

Kugel eine gewisse Menge elektrischen Fluidums mitgetheilt habe; denn alsdann wird sich dieses Fluidum, von Ort zu Ort längs des idioelektrischen Trägers fortschreitend, bis zum Punkte B in der Weise verbreiten, dass die Abstossung des Fluidums in allen Punkten genau im Gleichgewicht steht mit dem Maximum des Widerstandes, den die Coercitivkraft des idioelektrischen Trägers [636] dem Abfluss dieses Fluidums entgegenstellen kann. Aber es ist wohl zu bemerken, dass, da dieses Widerstandsmaximum keine active, sondern eine coercitive Kraft ist, die man mit dem Widerstande einer Reibung vergleichen kann, jede abstossende Wirkung des elektrischen Fluidums, die kleiner als das Maximum dieses Widerstandes ist, den Stabilitätszustand dieses nach irgend einem Gesetze längs des Trägers ausgebreiteten Fluidums nicht stören wird; wenn daher die Linie AD, welche in der beistehenden Figur die Dichtigkeit der Kugel darstellt, constant bleibt, während man die Axe AB um eine beliebige Strecke BB' verlängert, und wenn man eine beliebige Dichtigkeitscurve DB' beschreibt, so wird das längs der Linie AB' vertheilte elektrische Fluidum in stabilem Zustande verharren, ohne von einem Punkte zum andern zu fliessen. vorausgesetzt, dass in allen Punkten $\frac{\delta \cdot d\delta}{dx}$ kleiner als B ist; daraus schliesst man, dass es immer eine unendliche Zahl von Dichtigkeitscurven DB' giebt, welche in gleicher Weise dem Stabilitätszustande des auf einem unvollkommenen idioelektrischen Träger verbreiteten elektrischen Fluidums genügen, und dass die allgemeine Untersuchung der Vertheilung des elektrischen Fluidums in einem unvollkommenen idioelektrischen Körper ein unbestimmtes Problem ist, das, um bestimmt zu werden, einigen besonderen Bedingungen unterworfen werden müsste. So hatten wir bei der Curve ADB, welche wir in dem obigen Artikel durch die Formel $(D^2 - \delta^2) = Bx$ dargestellt gefunden hatten, als Bedingung, dass das Maximum des idioelektrischen Widerstandes in allen Punkten gleich der elektrischen Abstossung wäre; diese Curve ist ausserdem der besondere Fall des unbestimmten, allgemeinen Problems, in dem die Axe AB ein Minimum ist. In der That, da bei allen anderen Dichtigkeitscurven $\frac{\delta \cdot d\delta}{dx}$ kleiner als B sein muss, so würde man, wenn man in der Curve DB ein einziges Element verändern wollte, damit der stabile Zustand bei constant bleibendem $d\delta$ nicht geändert wird, [637] nothwendigerweise die Grösse dx vermehren und die Axe der Curve verlängern müssen, wenn $\dfrac{\delta.d\delta}{dx}$ kleiner als B bleiben soll.

Es folgt ferner aus der Theorie, die wir soeben auseinandergesetzt haben, dass bei allen leitenden Körpern, in denen das elektrische Fluidum sich frei verbreitet, die Bestimmung der Dichtigkeit des elektrischen Fluidums für irgend einen Punkt ein bestimmtes Problem ist; dass dagegen das Problem für die unvollkommenen idioelektrischen Körper zwar ein unbestimmtes ist, dass jedoch eine seiner Grenzen durch diejenige Vertheilung des elektrischen Fluidums in dem unvollkommenen idioelektrischen Körper festgelegt ist, bei der die Wirkung dieses Fluidums in allen Punkten genau im Gleichgewicht steht mit dem Maximum des Widerstandes, den die idioelektrische Coercitivkraft der Strömung des Fluidums von einem Punkte zum anderen entgegengesetzt.

Es ist überflüssig zu bemerken, dass man nach den obigen theoretischen und experimentellen Ergebnissen in manchen Fällen viele Vorsichtsmaassregeln treffen muss, wenn man die elektrische Kraft eines kleinen, durch einen unvollkommenen idioelektrischen Träger isolirten Körpers erhalten will, und dass es oft vorkommt, dass nach einigen Experimenten, besonders wenn die ersten mit einem sehr beträchtlichen Grade elektrischer Dichtigkeit angestellt worden sind, der idioelektrische Träger mit einer gewissen Menge Elektricität geladen ist, die er schwer wieder abgiebt und die in der Folge auf die Ergebnisse einen merklichen Einfluss ausübt; dass man bei jedem Experiment zugleich mit dem an dem Träger befestigten Körper auch den idioelektrischen Träger selbst, soweit es möglich ist, von seiner Elektricität befreien muss; dass man bei jedem Experiment den Träger auswechseln muss, wenn die ertheilte elektrische Dichtigkeit etwas stark ist; dass man endlich immer sicher sein muss, dass der Träger eine hinreichend grosse idioelektrische Widerstandskraft besitzt, damit bei allen Versuchen die Elektricitätsmenge, mit der er sich ladet, viel (638) kleiner sei als die des leitenden Körpers, dessen Wirkung man bestimmen will.

Man übersieht leicht, dass die obige Theorie auf den Magnetismus angewendet werden kann; dass z. B. bei einer Stahlnadel die Vertheilung des magnetischen Fluidums für alle stabilen Zustände ein unbestimmtes Problem ist, welches erst durch die zu erfüllenden Nebenbedingungen ein bestimmtes wird. So besteht z. B., wenn man nach der besten Art der Magnetisirung einer Inclinations- oder Declinationsnadel fragt, das zu lösende Problem darin, dem magnetischen Fluidum dieser Nadel unter allen Anordnungen, deren es fähig ist, ohne Störung seiner Stabilität, diejenige zu ertheilen, bei welcher das Moment der richtenden magnetischen Kraft der Erdkugel auf diese Nadel ein Maximum ist. [15])

Vierte Abhandlung
über
die Elektricität,

in der zwei grundlegende Eigenschaften des elektrischen Fluidums bewiesen werden:

Erstens, dass dieses Fluidum sich in keinem Körper in Folge einer chemischen Affinität oder einer auswählenden Anziehung verbreitet, sondern dass es sich zwischen verschiedenen in Berührung befindlichen Körpern allein durch seine abstossende Wirkung vertheilt;

Zweitens, dass bei den leitenden Körpern das Fluidum im Gleichgewichtszustande auf der Oberfläche der Körper verbreitet ist und nicht in das Innere eindringt.

Von
Coulomb.

(Aus: Histoire et Mémoires de l'Académie royale des sciences 1786, 67—77.)

Mit 1 Figur im Text.

1.

[67] Wir haben in den drei voraufgehenden Abhandlungen das Gesetz der Abstossung für ein gleichartiges elektrisches Fluidum und das der Anziehung für die beiden entgegengesetzten elektrischen Fluida bestimmt und haben durch sehr einfache und, wie mir scheint, entscheidende Experimente bewiesen, dass diese Wirkung sehr genau im umgekehrten Verhältniss zum Quadrat der Entfernungen stand. Wir haben ferner durch Experimente derselben Art bewiesen, dass sowohl die abstossende wie die anziehende Wirkung des magnetischen Fluidums dem-

selben Gesetze folgte. In der dritten Abhandlung haben wir bestimmt, nach welchem Gesetze die elektrische Dichtigkeit eines isolirten Körpers abnahm, entweder durch die Berührung der mehr oder weniger feuchten Luft, oder längs der idioelektrischen Träger, wenn sie keine hinreichende Länge besitzen; [68] wie wir sahen, hängt dies hauptsächlich von der grösseren oder geringeren Idioelektricität dieser Träger ab, von ihrer grösseren oder geringeren Affinität zu den Wasserdämpfen, vom Zustande der Luft, von der Dichtigkeit des elektrischen Fluidums des isolirten Körpers und vom Umfange (grosseur) dieses Körpers.

II.

Wir werden uns hier der Wage bedienen, die in unserer ersten, im Jahrgang 1785 gedruckten Abhandlung beschrieben wurde. Die ganze Veränderung, welche wir an ihr vorgenommen haben, besteht darin, dass wir den Papierstreifen, welcher um den die Nadel umschliessenden Cylinder herumgeklebt ist, und welcher mit seiner Gradtheilung zur Bestimmung des Abstandes der beiden Kugeln dient, durch einen auf vier Stützen ruhenden Holzkreis ersetzten, dessen Durchmesser ungefähr doppelt so gross, wie der des Cylinders ist: man stellt diesen Kreis so auf, dass der Faden, welcher die Nadel trägt, lothrecht zu ihm durch seinen Mittelpunkt geht, und dass der erste Theilstrich dieses Kreises mit der Visirlinie zusammenfällt, die durch den Aufhängedraht und den Mittelpunkt der von der Nadel getragenen Kugel geht, wenn die Nadel ihre natürliche Ruhelage inne hat und der Index des Mikrometers ebenfalls auf dem ersten Theilstrich des Mikrometerkreises steht.

Wir müssen jedoch bemerken, dass wir seit der Vorlegung der genannten Abhandlung, welche die Beschreibung dieser Wage enthält, mehrere andere von abweichender Form verfertigt haben: die grösste ist viereckig, sie hat 32 Zoll [86,62 cm] Seitenlänge. 20 Zoll [54,14 cm] Höhe, sie ist an den Seiten von vier Glasscheiben umschlossen, welche mittelst eines idioelektrischen Kittes in sehr leichten, getrockneten und warm mit einem Firniss aus Schellack und Terpentin überzogenen Holzrahmen befestigt sind. Ueber dem Kasten befindet sich eine Querleiste, welche einen verticalen Glascylinder von fünfzehn Zoll [40,60 cm] trägt, der oben mit einem Mikrometer abschliesst; ein Kreis ausserhalb dieses Kastens gestattet den Abstand der Kugeln zu messen. In dieser Wage kann man Experimente mit elektrisirten Kugeln von vier bis fünf Zoll [10,8—13,5 cm] Durchmesser ausführen: in der ersten Wage, deren Cylinder nur einen Fuss Durchmesser hat, [69] konnte man nur Kugeln von allerhöchstens einem Zoll Durchmesser verwenden. Aber es muss darauf hingewiesen werden, dass es hier viele Fälle giebt, in denen die Experimente im Kleinen entscheidender sind als die im Grossen, weil die Anziehung oder die Abstossung des elektrischen Fluidums für jedes Element dem Quadrat der Entfernungen umgekehrt proportional ist und daher, um einfache Ergebnisse zu erhalten, der Abstand der Körper, deren gegenseitige Wirkung man messen will, fast immer viel grösser sein muss, als die eigenen Dimensionen dieser Körper.

III.
Erster Grundsatz.

Das elektrische Fluidum verbreitet sich in allen leitenden Körpern gemäss ihrer Gestalt, ohne dass dieses Fluidum Affinität oder eine auswählende Anziehung vorzugsweise für einen Körper gegenüber einem anderen zu haben scheint.

Erstes Experiment.

Ich befestigte in dem Loch der Wage, in der Höhe der Kugel der Nadel eine kleine Kupferkugel von acht Linien [1,805 cm] Durchmesser, die von einem kleinen Schellackcylinder gehalten wurde. Der Mittelpunkt dieser Kugel war so eingestellt, dass er in die Visirlinie des Aufhängedrahtes und des ersten Theilstriches des ausserhalb der Wage befindlichen Kreises fiel. Die Kugel der Nadel, welche gegen die Kupferkugel stiess, war infolgedessen von der Lage, in welcher die Torsion Null ist, um die Summe der Halbmesser der beiden sich berührenden Kugeln entfernt.

Man elektrisirte die beiden Kugeln nach dem in der ersten Abhandlung beschriebenen Verfahren; die Nadel wurde ungefähr auf 48° abgestossen. Mittelst des Mikrometerknopfes tordirte man den Aufhängedraht um 120°, um die Kugel der Nadel der Kupferkugel wieder zu nähern, und man wartete, bis die Nadel aufhörte zu schwingen; sie stellte sich ein [70] auf 28°: in dieser Lage berührte ich sofort die Kupferkugel von acht Linien Durchmesser mit einer Hollundermarkkugel von genau derselben Grösse, die an einem kleinen Schellackcylinder befestigt war. Entfernte man die Hollundermarkkugel wieder, so näherte sich die Nadel der Kupferkugel; und um sie in die erste Entfernung von 28° zurückzuführen, war ich genöthigt den Draht zu detordiren, so dass das Mikrometer vor der Berührung 120°, nach der Berührung nur noch 44° zeigte.

Zweites Experiment.

An Stelle der Kupferkugel befestigte ich im Loch der Wage, mittelst eines kleinen Schellackcylinders eine runde Eisenscheibe von zehn Linien [2,256 cm] Durchmesser, deren Verticalebene durch den Nullpunkt des äusseren Kreises an der Wage, der zur Messung des Abstandes der Kugeln dient, und durch den Aufhängedraht der Nadel hindurchging. Elektrisirte man darauf, wie bei dem vorhergehenden Experimente, die Kugel der Nadel und die Eisenscheibe, so wurde die Kugel der Nadel abgestossen; ich tordirte den Aufhängedraht, um die Nadel der Eisenplatte wieder zu nähern, und bei 110° Torsion stellte sich die Nadel auf 30° von dieser Platte ein. Ich berührte sofort die Eisenscheibe mit einer kleinen Papierscheibe, die genau denselben Durchmesser hatte, und fand, nachdem die Papierscheibe wieder entfernt war, dass, um die Nadel auf 30° einzustellen, die Torsion auf etwas weniger als 40° vermindert werden musste.

IV.
Ergebniss der beiden Experimente.

Beim ersten Experimente stiess die Kupferkugel vor der Berührung mit der Hollundermarkkugel die Nadel bis auf 28° ab, während das Mikrometer 120° zeigte: also betrug in diesem Falle die Torsionskraft 148°. Nachdem die Hollundermarkkugel die Kupferkugel berührt hatte, stiess diese letztere die Nadel bis auf 26° ab, wenn das Mikrometer nur 44° zeigte, so dass die gesammte Torsionskraft, [71] die der abstossenden Kraft der beiden Kugeln gleich ist, 72° betrug; es lag aber ein Zeitraum von fast einer Minute zwischen den beiden Beobachtungen, und die elektrische Kraft verminderte sich am Tage dieses Experimentes um ein Fünfzigstel in einer Minute: also würde die gesammte Torsionskraft ungefähr $73\frac{3}{4}°$ betragen haben, wenn sich die Elektricität nicht um ein Fünfzigstel vermindert hätte. Diese Grösse weicht nur um einen halben Grad oder um $\frac{1}{147}$ von 74° ab, der Hälfte der ersten Torsionskraft 148, welche die elektrische Abstossung vor der Berührung misst; da nun bei den beiden Beobachtungen der Abstand der beiden Kugeln genau derselbe ist, und da die Wirkung dem Quadrat der Entfernungen umgekehrt, und den Dichten des elektrischen Fluidums direct proportional ist, so folgt daraus, dass die Hollundermarkkugel genau die Hälfte des elektrischen Fluidums der Kupferkugel aufgenommen hatte; also besitzt die Kugel aus Metall keine grössere Affinität oder auswählende Anziehung für das elektrische Fluidum als die aus Hollundermark.

Bei dem zweiten Experiment, bei dem die Eisenscheibe mit einer Papierscheibe von genau gleichem Durchmesser berührt wurde, theilte sich das elektrische Fluidum abermals gleichmässig zwischen den beiden Scheiben. Man hat diese Experimente mit Kugeln aus verschiedenen Stoffen angestellt, man hat sie in der grossen Wage mit Kugeln von fünf oder sechs Zoll wiederholt, und man hat immer dieselben Ergebnisse erhalten.

V.
Erste Anmerkung.

Es muss bemerkt werden, dass es nur eines einzigen nicht abzuschätzenden Augenblickes bedarf, damit sich die Elektricität gleichmässig zwischen den beiden Körpern vertheilt, wenn die beiden gleichen und gleichartigen, in Berührung gesetzten Körper vollkommene Leiter sind, wie alle Metalle. Wenn dagegen einer der beiden ein unvollkommener Leiter ist, wie z. B. unsere Papierscheibe, so bedarf es oft mehrerer Secunden, bevor der Papierkreis genau die Hälfte des elektrischen Fluidums der Metallscheibe aufgenommen hat, [72] was nicht nur von der grösseren oder geringeren Leitungsfähigkeit der beiden Körper, sondern auch von ihrer beiderseitigen Ausdehnung und von der Art, wie sie in Berührung gebracht werden, abhängt. In der voraufgehenden Abhandlung haben wir schon zu erklären versucht, wie die Coercitivkraft der unvollkommen idioelektrischen Träger dem elektrischen Fluidum nur bis zu einer gewissen Entfernung von dem mit Elektricität geladenen leitenden Körper vorzudringen und sich auszubreiten gestattet.

V.
Zweite Anmerkung.

Man muss ferner bei einer Wiederholung des zweiten Experimentes darauf achten, die beiden Scheiben bei der Berührung symmetrisch zu einander zu stellen, so dass z. B. der Rand der einen nicht einen Punkt der Oberfläche der anderen unter einem Winkel berührt, denn alsdann würde sich das elektrische Fluidum ungleichmässig zwischen den beiden Kreisen vertheilen: bei dem obigen Experimente berührte ich den Rand des einen der Kreise mit dem Rand des anderen, indem ich mich bemühte, ihn in derselben Ebene zu halten.

VII.
Zweiter Grundsatz.

In einem mit Elektricität geladenen leitenden Körper verbreitet sich das elektrische Fluidum auf der Oberfläche des Körpers, dringt aber nicht in das Innere des Körpers ein.

Die Versuche, welche diese Behauptung beweisen sollen, erfordern viel empfindlichere Elektrometer, als alle diejenigen, die in Gebrauch sind. Ich bediene mich des folgenden: man erwärmt Schellack an einer Kerze und zieht einen Faden von der ungefähren Dicke eines starken Haares; man giebt ihm zehn bis zwölf Linien [2,25—2,71 cm] Länge; eines seiner Enden ist an den oberen Theil einer kleinen Nadel ohne Kopf geklebt, [73] welche an einem Seidenfaden, wie ihn die Seidenraupe liefert, aufgehängt ist; am anderen Ende des Schellackfadens befestigt man eine kleine Scheibe von Rauschgold von ungefähr zwei Linien (0,45 cm) Durchmesser: man hängt dieses kleine Elektrometer in einen Glasylinder; seine Empfindlichkeit ist so gross, dass eine Kraft von einem sechzigtausendstel Gran [0,0009 cm gr sec^{-2}] die Nadel um mehr als 90° ablenkt. Ich ertheile diesem Elektrometer einen schwachen Grad von Elektrisirung von der Art derjenigen, welche ich dem Körper mittheilen will, der den Experimenten unterworfen werden soll, und ich hänge es in einen Glascylinder, um es vor den Luftströmungen zu schützen; darauf stelle ich einen festen Körper von beliebiger Gestalt, in den mehrere Löcher von geringer Tiefe gebohrt sind, auf eine idioelektrische Unterlage, die ihn isolirt. Der Körper, den ich den Experimenten unterwerfen werde, ist ein Cylinder aus festem Holz von vier Zoll [10,83 cm] Durchmesser, in den mehrere Löcher von vier Linien [0,90 cm] Durchmesser und vier Linien Tiefe gebohrt sind.

VIII.
Experiment.

Ich stelle diesen Cylinder auf eine idioelektrische Unterlage; mittelst der Leydener Flasche oder der Metallscheibe eines Elektrophores lade ich ihn mit einem oder mehreren elektrischen Funken. Ich isolire eine kleine Scheibe von Goldpapier von anderthalb Linien [0,338 cm] Durchmesser durch Befestigung an einem kleinen Schellackcylinder von einer Linie [0,226 cm] Durchmesser.

Erster Versuch: Nachdem das Rauschgold des Elektrometers elektrisirt worden ist, berühre ich die Oberfläche des elektrisirten Cylinders mit der kleinen Scheibe von Goldpapier und bringe letztere dem Elektrometer nahe; die Nadel dieses Elektrometers wird kräftig abgestossen.

Zweiter Versuch. Wenn ich dagegen die kleine Papierscheibe in eines der Löcher des Cylinders einführe, sie den Boden eines dieser Löcher berühren lasse und sie darauf dem Rauschgold, das am Ende der Nadel des Elektrometers befestigt ist, gegenüberhalte, so wird diese Nadel keine Anzeichen von Elektricität geben.

[74]
IX.
Erklärung und Ergebniss dieses Experimentes.

Ich lasse beim ersten Versuch die kleine Scheibe von Goldpapier die Oberfläche des Cylinders berühren; da diese Scheibe nur ein achtzehntel Linie Dicke hat, so wird sie ein Theil der Oberfläche dieses Cylinders und nimmt infolgedessen eine Menge elektrischen Fluidums auf, die derjenigen gleich ist, welche ein diesem kleinen Kreise gleicher Theil der Oberfläche enthält. Bei diesem Versuche findet man die kleine Scheibe mit einer Elektricitätsmenge geladen, die nicht nur an unserem kleinen Elektrometer merklich ist, sondern deren Intensität man sogar messen kann mit Hülfe unserer elektrischen Wage.

Bei dem zweiten Versuche lassen wir die kleine Scheibe von Goldpapier den Boden eines der Löcher des Cylinders berühren, ungefähr vier Linien unter der Oberfläche oder zwanzig Linien von seiner Axe; ziehen wir diese kleine Scheibe sorgfältig zurück, ohne dass sie den Rand des Loches berührt, so finden wir, indem wir sie der Nadel des Elektrometers gegenüberstellen, entweder dass sie gar kein Anzeichen von Elektricität giebt, oder dass sie sehr schwache Anzeichen giebt von einer der Ladung des Cylinders entgegengesetzten Elektricität: es ist also klar, dass bei diesem Experiment kein elektrisches Fluidum im Innern des Körpers, selbst nicht sehr nahe an seiner Oberfläche vorhanden ist.

Die Anzeichen entgegengesetzter Elektricität, welche man nur zuweilen wahrnimmt, rühren davon her, dass, wenn der kleine Schellackcylinder in die Löcher hineingesteckt wird, die elektrische Wirkung der Oberfläche des elektrisirten Körpers dem Schellackfaden ausserhalb des Körpers eine schwache Elektrisirung von einer der seinigen entgegengesetzten Art verleiht, weil sich dieser kleine Schellackfaden isolirt in seinem Wirkungsbereich befindet. Der Beweis dafür, dass Alles so vor sich geht, dass diese kleine Elektricitätsmenge auf dem Schellackfaden sitzt und nicht auf der kleinen Goldpapierscheibe, welche mit einem inneren Punkt des Körpers in Berührung gebracht worden ist, liegt darin, dass man durch Berührung dieser Scheibe diese geringe Elektrisirung, die bei reinem Schellack und nicht sehr feuchter Luft immer sehr schwach ist, nicht aufhebt.

X.

Diese Eigenschaft des elektrischen Fluidums, sich auf der Oberfläche der leitenden Körper auszubreiten und nicht in das Innere dieser Körper einzudringen, sobald dieses Fluidum seinen Gleichgewichtszustand erreicht hat, ist eine Folge des Gesetzes von der Abstossung seiner Elemente nach dem umgekehrten Quadrat der Entfernungen, welches wir in unserer ersten Abhandlung gefunden haben: aber da uns die Erfahrung und nicht die Theorie geleitet hat, so glaubten wir denselben Gang auch bei der Darlegung unserer Untersuchungen befolgen zu sollen; sehen wir nunmehr, wie die Theorie das von der Erfahrung angezeigte Ergebniss verallgemeinert.

XI.
Lehrsatz.

Ist in einem Fluidum, das, in einem Körper eingeschlossen, sich frei in ihm bewegen kann, eine abstossende Kraft zwischen seinen sämmtlichen Elementartheilchen wirksam, welche kleiner ist, als das umgekehrte Verhältniss des Cubus der Entfernungen, wie es z. B. das Reciproke der vierten Potenz sein würde: so ist in solchem Falle immer die Wirkung aller Massen dieses *Fluidums, die sich in endlicher Entfernung von einem seiner Elemente befinden, null im Vergleich zu der Wirkung der unmittelbar daranstossenden Punkte*; *das haben wir in einer Anmerkung unserer zweiten im Jahrgange.1785 der Akademie gedruckten Abhandlung bewiesen. Also wird sich das Fluidum, welches diesem Abstossungsgesetze seine Elasticität*[16]) *verdankt, gleichmässig im Körper verbreiten: ist dagegen die abstossende Wirkung der Elemente des Fluidums, aus welcher seine Elasticität entspringt, grösser als das umgekehrte Verhältniss des Cubus, wie wir sie z. B. für* [76] *die Elektricität im umgekehrten Verhältnisse des Quadrats der Entfernungen gefunden haben, so muss, da die Wirkung der Massen des elektrischen Fluidums, welche sich in endlicher Entfernung von einem der Elemente dieses Fluidums befinden, nicht unendlich klein ist gegen die elementare Wirkung der unmittelbar benachbarten Punkte, das ganze Fluidum sich an die Oberfläche des Körpers begeben und kann nicht im Innern des Körpers im Gleichgewichte beharren.*

Beweis.

In einem Körper von beliebiger Gestalt AaB, den ich mir erfüllt denke von einem Fluidum, dessen Elementartheilchen auf einander nach dem umgekehrten Verhältniss des Quadrats der Entfernungen wirken, errichte ich in einem Punkte a eine unendlich kleine Normale ab und lege durch den Punkt b lothrecht zu dieser Normale eine Ebene, welche den Körper in zwei Theile theilt, den unendlich kleinen Theil $daeb$ und den endlichen $dAFBeb$. Dann muss der unendlich kleine Theil $daeb$, wenn man alle Kräfte, mit denen er auf den Punkt b wirkt, nach ab zerlegt, der nach ba genommenen resultirenden Wirkung der ganzen Masse des in dem Körper $dAFBe$ verbreiteten Fluidums das Gleichgewicht halten.

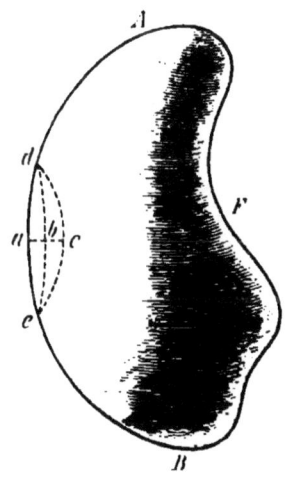

Denken wir uns nunmehr auf der Ebene dbe, a gegenüber, eine kleine Calotte dce, genau gleich der Calotte dae; verlängert man ab bis c, so wird cb gleich ab sein. Aber wenn das Fluidum in dem ganzen Körper verbreitet ist, so muss, damit das Gesetz der Continuität besteht, die Dichtigkeit des Fluidums im Punkte c, da ac unendlich klein gemacht werden kann, gleich der im Punkte a sein oder darf sich von ihr wenigstens nur um eine Grösse unterscheiden, die man unendlich vermindern kann. Also muss die kleine in der Calotte $dcbe$ enthaltene Masse des elektrischen Fluidums allein der in der Calotte $dabe$ enthaltenen das Gleichgewicht halten; {77} daraus folgt, dass die Wirkung der ganzen Masse des Fluidums, die in dem übrigen Körper enthalten sein würde, gleich null sein muss; was nicht möglich ist, wenn die Wirkung der in endlicher Entfernung von einem Punkte des Fluidums befindlichen Massen nicht unendlich klein ist gegen die Wirkung eines mit diesem Punkte in Berührung befindlichen Elementes des Körpers, ausser wenn die Dichtigkeit dieser Massen null ist. Daraus geht hervor, dass beim Gleichgewichtszustande des elektrischen Fluidums dieses ganze Fluidum sich an die Oberfläche des Körpers begeben und dass keines in seinem Inneren vorhanden sein wird.

Der erste Theil des Satzes, dass das Fluidum sich gleichmässig in dem Körper verbreiten muss, wenn die Wirkung der sich berührenden Elemente unendlich gross gegen die Wirkung der endlichen, in endlicher Entfernung von diesen selben Elementen befindlichen Massen ist, bedarf keines Beweises.

XII.

Wir werden in einer der folgenden Abhandlungen sehen, wie gross die elektrische Dichtigkeit eines jeden Punktes der Oberfläche eines Körpers von gegebener Gestalt ist, und in welchem Zustande sich die idioelektrischen Theilchen der Luft befinden, die mit diesen Oberflächen in unmittelbarer Berührung sind. [17]

Anmerkungen.

Das vorliegende Bändchen enthält die vier ersten von den sieben grossen Abhandlungen, in denen *Coulomb* seine Untersuchungen über die Gesetze der Elektricität und des Magnetismus niedergelegt hat. Die beiden ersten derselben sind dem Nachweise jenes Gesetzes gewidmet, an das sich der Name und der wissenschaftliche Ruhm *Coulomb*'s in erster Linie für alle Zeiten geheftet haben, des Gesetzes, dass die elektrischen und magnetischen Anziehungen und Abstossungen dem umgekehrten Quadrate der Entfernungen folgen. Anknüpfend an die Messungen mit der Torsionswage, auf denen die Ableitung dieses Gesetzes beruht, beschäftigt sich die dritte Abhandlung ausführlich mit der dabei auftretenden Erscheinung des Elektricitätsverlustes. Die vierte bringt abermals den Nachweis zweier fundamentalen Eigenschaften des elektrischen Fluidums, indem bewiesen wird, dass sich die Elektricität in leitenden Körpern nur durch ihre eigene Abstossung verbreitet und dass sie sich im Gleichgewichtszustande nur auf der Oberfläche der Körper befindet. In den sehr umfangreichen Abhandlungen 5 und 6 werden ausführlicher die Gesetze der Vertheilung der Elektricität auf leitenden Körpern studirt und in der siebenten wird in gleicher Weise die Vertheilung des Magnetismus in Magnetstäben behandelt. Von diesen sieben Abhandlungen sind vorläufig die vier ersten als die bei weitem wichtigsten zur Aufnahme in die Klassiker ausgewählt werden.

Es genügt diese blosse Kennzeichnung des Inhalts, um die Bedeutung dieser grossartigen Arbeiten würdigen zu können. Auf ihren Ergebnissen hat sich die ganze mathematische Behandlung der magnetischen und elektrostatischen Erscheinungen aufgebaut, wie sie uns heute in der Potentialtheorie und ihren Anwendungen vorliegt. Lange Zeit sind die Arbeiten *Coulomb*'s die ausschliessliche Grundlage für dieses Gebiet der theoretischen Physik gewesen. Erst mit den Arbeiten *Faraday*'s über den Einfluss des Zwischenmediums auf die elektrostatischen Erscheinungen wurde ein neuer fruchtbarer Gesichtspunkt gewonnen.

In der That könnte man sagen, dass die Untersuchungen *Coulomb*'s in diesem einen Punkte unvollständig waren. Er hat das Gesetz der Anziehung oder Abstossung von Elektricitätsmengen unter mancherlei Abänderungen geprüft; aber er hat nicht das umgebende Mittel variirt, sondern alle Versuche in Luft ausgeführt. Der Gedanke solcher Versuche lag eben jener Zeit noch vollkommen fern; erst die Untersuchungen über Capacität von Condensatoren haben darauf geführt, das *Coulomb*sche Gesetz in seiner gewöhnlichen Fassung durch einen Factor zu vervollständigen, der eine charakteristische Constante des umgebenden Dielektricums ist (er ist der sogenannten Dielektricitätsconstanten umgekehrt proportional), und eine directe Bestätigung durch Anziehungs- und Abstossungsversuche nach Art der *Coulomb*'schen hat diese Auffassung sogar erst 1875 durch die auf Anregung von *v. Helmholtz* ausgeführten Messungen *Silow*'s (Poggend. Ann. 156, S. 389—396) gefunden. Aus dieser Erkenntniss der Rolle des Zwischenmediums ist die neuere Umgestaltung unserer Auffassung vom Wesen der elektrischen Kräfte hervorgegangen. Für *Coulomb* waren die Kräfte, die er mass, gegebene Erscheinungen, für die er ebensowenig wie etwa bei der Gravitationskraft nach weiteren Ursachen zu forschen sich genöthigt fühlte, und der Umstand, dass er für diese Kräfte das gleiche Entfernungsgesetz, wie *Newton* für die Gravitationskraft fand, hat der Vorstellung von der Existenz solcher sogenannten Fernkräfte gerade noch besonderen Vorschub geleistet. Wenn die moderne Auffassung von Fernkräften nichts mehr wissen will und in jenen Wirkungen die Vermittelung des Dielektricums erblickt, so ist mit dem veränderten Standpunkt eine verminderte Schätzung der Arbeiten *Coulomb*'s durchaus nicht verbunden, und sie haben von ihrer grundlegenden Bedeutung für die Entwicklung unserer Erkenntniss der elektrostatischen und magnetischen Erscheinungen darum nichts verloren. Denn diese Arbeiten sind frei von jedem speculativen Moment; sie sind ausschliesslich auf die Erkenntniss der Gesetze der Erscheinungen gerichtet, und die Formulirung dieser Erkenntnisse mit Hülfe des üblichen Kraftbegriffs ist der einfachste und für jene Zeit allein angemessene Ausdruck der Thatsachen. In dieser Beziehung sind die Arbeiten *Coulomb*'s für alle Zeiten Muster experimenteller Untersuchungen. Ihre Schätzung steigert sich noch, wenn man sich vergegenwärtigt, dass sie überhaupt die ersten exacten Messungen auf dem Gebiete der Elektricität waren, und dass die von ihm in die Wissenschaft eingeführten

Messmethoden noch heute zum unentbehrlichsten Rüstzeug des Physikers gehören. Die Begründung dieser Methoden, die auf der Anwendung der Torsion zur Messung von Kraftwirkungen beruhen, ist allerdings in den vorliegenden Abhandlungen nicht gegeben. Vielmehr ging denselben eine andere nicht minder wichtige und vortrefflich durchgeführte Abhandlung vorauf, in der *Coulomb* die Gesetze der Torsionskraft der Drähte experimentell entwickelte. Sie war gewissermaassen eine vorbereitende Studie zu den Arbeiten über Elektricität und Magnetismus; aber durch die zahlreichen Anwendungen, welche *Coulomb* in seinen Abhandlungen von diesen Gesetzen der Torsionskraft zu machen gelehrt hat, ist jene Arbeit die eigentliche Grundlage für so viele unserer heutigen Messmethoden geworden. Es soll weiter unten das zum Verständniss Nöthigste über sie mitgetheilt werden.

Weniger musterhaft dürfte uns der Stil der Abhandlungen *Coulomb's* erscheinen. In dem Bestreben, bis in alle Einzelheiten deutlich und genau zu sein, ist seine Schreibweise breit und schwerfällig, leidet an unnützen Wiederholungen von Wörtern oder Satztheilen und führt zuweilen zu Sätzen von unheimlicher Länge, deren Uebersicht nur durch die Möglichkeit des Gebrauchs der Participialconstructionen gewahrt bleibt. In solchen Fällen hat sich der Uebersetzer, um verständlich zu sein, in der Wiedergabe des Satzgefüges einige Freiheiten erlauben müssen. Sonst aber schliesst sich die Uebersetzung so eng wie möglich an den Originaltext an.

Die Abhandlungen erschienen in »Histoire et Mémoires de l'Académie royale des sciences«, die drei ersten 1785, die vierte 1786. Nach dem Tode *Coulomb's* plante die inzwischen zum Institut umgewandelte Akademie eine Gesammtausgabe seiner Werke, doch ist dieser Gedanke nicht zur Ausführung gekommen. Dagegen hat die französische physikalische Gesellschaft ihre vor einigen Jahren begonnene Sammlung älterer physikalischer Abhandlungen mit einem Bande eingeleitet, in dem die wichtigsten physikalischen Arbeiten *Coulomb's* vereinigt sind; in diesem sind die hier vorliegenden vier Abhandlungen unverändert zum Abdruck gelangt (Collection de Mémoires relatifs à la Physique, publiées par la Société française de Physique. Tom. I. Mémoires de Coulomb. p. 107—182. — Paris, Gauthier-Villars, 1884.). Die in unseren Text eingedruckten Seitenzahlen beziehen sich auf den Originaltext in den Hist. et Mém. Eine deutsche Uebersetzung dieser Abhandlungen ist, soviel Herausgeber weiss, bis jetzt nicht erschienen. Das neue Journal der

Physik von *Gren* hat in seinem 3. Bande, p. 50—80, nur einen Auszug daraus gebracht. Es erübrigt noch zu bemerken, dass die Abbildungen, welche der leichteren Uebersicht halber in dieser Ausgabe in den Text an den zugehörigen Stellen eingedruckt sind, im Original auf Tafeln vereinigt waren, und zwar:
die Figuren 1—5 der 1. Abhandlung auf Tafel XIII,
die Figuren 1—5 u. Fig. *a* der 2. Abhandl. auf Tafel XIV,
die Figuren 1 und 2 der 3. Abhandlung auf Tafel XV des Jahrgangs 1785 der Hist. et Mém. Die kleine Figur der 4. Abhandlung ist auch im Original in den Text gedruckt.

¹) S. 3. Es ist ein besonders rühmliches Kennzeichen der strengen Auffassung, welche *Coulomb* vom physikalischen Messen hatte, dass er nicht blos seine Apparate unter genauesten Zahlenangaben beschreibt, sondern auch alle seine Messungen in absolutem Maasse ausdrückt. In der neuen französischen Ausgabe dieser Abhandlungen sind diesen Zahlenangaben *Coulomb*'s jedes Mal in Klammern die Werthe der betreffenden Grössen in den Einheiten des Centimeter-Gramm-Secunden-Systems hinzugefügt. In Anbetracht des völligen Mangels an Anschaulichkeit, den das alte *Coulomb*'sche Maasssystem für uns besitzt, erschien es angemessen, den sehr zweckmässigen Gedanken des französischen Herausgebers *Potier* auch in der vorliegenden deutschen Uebersetzung zur Durchführung zu bringen. Die Umrechnung der alten *Coulomb*'schen Maasse auf diejenigen des cm-gr-sec-Systems ist durch die folgenden Grössenbeziehungen gegeben:

1 Toise = 6 Fuss = 72 Zoll = 864 Linien = 194,9 cm
1 Pfund = 16 Unzen = 9216 Gran (als Masse) = 489,5 gr
1 Pfund = 16 Unzen = 9216 Gr. (als Kraftmaass) = 480 200 cm gr sec^{-2}

also: 1 Zoll = 2,707 cm; 1 Linie = 0,2256 cm
1 Gran (als Masse) = 0,0531 gr;
1 Gran (als Kraftmaass) = 52,10 cm gr sec^{-2}.

² S. 4. Die Abhandlung, auf welche *Coulomb* in diesen einleitenden Worten und auch später noch vielfach hinweist, und die wir bereits oben erwähnt haben, führte den Titel: »Recherches théoriques et expérimentales sur la force de Torsion et sur l'élasticité des fils de métal« und findet sich in Histoire et Mémoires de l'Académie royale des sciences, Jahrgang 1784, S. 229—269. Die Methode, deren sich *Coulomb* bei diesen Untersuchungen bediente, war die der Torsionsschwingungen. Er leitete die Formel für die Schwingungsdauer unter der Annahme ab, dass

Anmerkungen.

die Torsionskraft dem Torsionswinkel proportional sei, und er fand bei seinen Versuchen diese Annahme durch die Thatsache bestätigt, dass die beobachteten Schwingungen isochron waren. Er veränderte das spannende Gewicht, und fand, dass die Torsionskraft von der Spannung der Drähte im Wesentlichen unabhängig ist; er veränderte Länge, Dicke und Material der Drähte und konnte alle seine Beobachtungen durch die Formel darstellen: Das Drehungsmoment der Torsionskraft $= \frac{\mu \cdot BD^4}{l}$, in der μ die charakteristische Constante des Materials, B den Torsionswinkel, D den Durchmesser und l die Länge des Drahtes bedeuten. Er zeigte, wie dieses Drehungsmoment in absolutem Maasse ausgedrückt werden kann. Er machte sodann eine Anwendung der Gesetze der Torsionsschwingungen auf die Bestimmung der Reibung der Flüssigkeiten, indem er einen Metallcylinder in einer Flüssigkeit drehende Schwingungen ausführen liess und die Abnahme dieser Schwingungen beobachtete. Wenn er in dieser Abhandlung die dämpfende Wirkung der Flüssigkeit ihrer Reibung an der Oberfläche des festen Körpers zuschreibt, so ist dies bekanntlich eine irrthümliche Vorstellung. *Coulomb* hat diese Untersuchungen später wieder aufgenommen und hat sie in seiner 1801 veröffentlichten Abhandlung »Expériences destinées à déterminer la cohérence des fluides et les lois de leur résistance dans les mouvements très lents« von richtigen Gesichtspunkten aus sehr viel genauer und ausführlicher behandelt.

Die Abhandlung über die Torsionskraft enthält auch bereits die Ankündigung der Construction einer elektrischen und einer magnetischen Wage, wie sie *Coulomb* dann in den vorliegenden Abhandlungen beschrieben hat.

3) S. 10. Im Original steht in etwas alterthümlicher Wendung: la doit ou la diminution. Die neue französische Ausgabe schreibt dafür: la loi de la diminution.

4) S. 10. Es muss daran erinnert werden, dass *Coulomb* ausser den Vernachlässigungen, die er selber angiebt, auch die gegenseitige Influenz der beiden Kugeln und die Wirkung der Glaswand des Gefässes nicht berücksichtigt hat. Hinsichtlich des ersteren Einflusses enthält die neue französische Ausgabe die Bemerkung, dass die Kraft zwischen zwei gleichen Kugeln vom Radius a mit den gleichen Ladungen e, deren Mittelpunkte im Abstande c von einander sich befinden, sehr nahe durch den

Ausdruck: $\frac{e^2}{c^2}\left(1 - 4\frac{a^3}{c^3}\right)$ dargestellt ist (s. die ausführliche Berechnung bei *Maxwell*, Lehrbuch der Elektricität und des Magnetismus, deutsch von *Weinstein*, I., S. 278 ff): da bei *Coulomb*'s Versuchen $\frac{a}{c}$ stets kleiner als $\frac{1}{6}$ ist, so würde die Abweichung höchstens 2 Procent betragen. Ueber den Einfluss der Gefässwand hat *Maxwell* — allerdings unter der Voraussetzung, dass sie aus Metall und kugelförmig sei — eine Berechnung angestellt. (Siehe sein Lehrbuch, I., Seite 342 und 343.)

[5]) S. 13. *Coulomb* sagt idioelektrisch für das, was wir heute mit dem Worte »dielektrisch« bezeichnen. Der alterthümliche Ausdruck ist beibehalten worden, um den Besonderheiten des Originals treu zu bleiben.

[6]) S. 15. *Coulomb* verweist merkwürdiger Weise hier und später noch mehrfach auf den siebenten Band der Savants étrangers. Allerdings enthält der siebente Band der Mémoires des Savants étrangers — der volle Titel der gewöhnlich mit jenem abgekürzten Namen genannten Sammlung von Abhandlungen lautet: Mémoires de Mathématique et de Physique, présentés à l'académie royale des sciences par divers Savants et lûs dans ses assemblées — eine Abhandlung von *Coulomb*, die jedoch hier unmöglich gemeint sein kann, wie man schon aus ihrem Titel ersieht: »Essai sur une application des règles de Maximis et Minimis à quelques problèmes de statique relatifs à l'architecture.« Vielmehr dürfte sich die Bemerkung *Coulomb*'s auf die Abhandlung beziehen, welche im neunten Bande der »Savants étrangers« steht und den Titel führt: Recherches sur la meilleure manière de fabriquer les aiguilles aimantées, de les suspendre, de s'assurer qu'elles sont dans le véritable Méridien magnétique; enfin de rendre raison de leurs Variations diurnes régulières. Diese Abhandlung erhielt 1777 zusammen mit einer Abhandlung *Van Swinden*'s den von der Academie für die beste Construction von Bussolen ausgesetzten Preis. *Coulomb* hat darin u. A. die magnetischen Momente von Stahlstäben mit einander verglichen, indem er ihre Schwingungsdauern bestimmte, wenn sie horizontal unter dem Einfluss der erdmagnetischen Richtkraft um ihre Ruhelage im magnetischen Meridiane pendelten. Auf diese Methode bezieht sich der Hinweis *Coulomb*'s.

[7]) S. 16. Im Original steht »à ce fil«. Das ist missverständlich; denn der kleine Kreis befindet sich nicht senkrecht zum Aufhängefaden, sondern senkrecht zur Nadel *lg*.

⁸) S. 19. Die beschriebenen Versuche konnten nur dann zu einem angenähert richtigen Ergebniss führen, wenn die Ladung e der Scheibe klein war im Verhältniss zu der Ladung M der Kugel: denn nach einer Anmerkung in der neuen französischen Ausgabe würde, wenn man die Scheibe als Punkt behandelt, die Anziehung der Kugel vom Radius R auf die im Abstande d vom Kugelmittelpunkte befindliche Scheibe durch den Ausdruck gegeben sein:

$$\frac{eM}{d^2}\left[1 + \frac{e}{M}\frac{R^3}{d}\frac{2d^2 - R^2}{(d^2 - R^2)^2}\right]$$

Eine Ableitung dieses Ausdruckes findet sich in *Maxwell's* Elementary Treatise on Electricity. 2nd Edition 1888 S. 84–86.

⁹) S. 21. Der Fall, dass die Kräfte nach dem Cubus der Entfernungen abnehmen, findet zwar nicht unmittelbar seine Erledigung durch die von *Coulomb* in der Anmerkung angestellte Betrachtung, weil man für $n = 1$ und $A = 0$ auf die unbestimmte Form 0^0 kommt. Da aber für $n = 1$ die Integration des von *Coulomb* aufgestellten Differenzialausdruckes zu dem Werthe: $m(-lnA + lnx)$ führt, so sieht man, dass auch in diesem Fall für $A = 0$ der Werth der Constanten unendlich gross ist gegen den der Variablen, so dass also die in der Anmerkung gegebene Darstellung richtig, die im Text gegebene dagegen insofern unzutreffend ist, als der Fall $n = 1$ zu den Fällen $n < 1$ nicht hinzugerechnet werden darf.

¹⁰) S. 24. Im Original steht »la«, welches nur auf »aiguille« bezogen werden könnte. Es wurde aber offenbar der Stahldraht gegen die Nadel und nicht die Nadel gegen den Stahldraht verschoben.

¹¹) S. 28. Im Original steht »de l'aiguille«, während offenbar der Draht und nicht die Nadel gemeint ist.

¹²) S. 35. Hinsichtlich der genannten Abhandlung vergleiche Anmerkung 6. Der Satz, um den es sich hier handelt, ist in der Einleitung jener Arbeit als »erster Grundsatz« in der Form ausgesprochen: »Wenn man eine in ihrem Schwerpunkt aufgehängte Magnetnadel aus ihrer natürlichen Richtung ablenkt, so wird sie immer in dieselbe durch Kräfte zurückgeführt, welche dieser Richtung parallel wirken, welche für die verschiedenen Punkte der Nadel verschieden sind, welche aber für jeden einzelnen dieser Punkte in allen Lagen, welche die Nadel gegen ihre natürliche Richtung einnehmen mag, dieselben bleiben; so dass

eine Magnetnadel in jeder Lage dieselbe Wirkung von Seiten der erdmagnetischen Kräfte erfährt.«

Coulomb leitet diesen Satz durch einige einfache Betrachtungen aus der Vorstellung ab, dass die Erde ein natürlicher Magnet sei. Als experimentelle Beweise führt er zwei Thatsachen an: 1. die Beobachtung von *Musschenbroek*, dass die Kräfte, von welchen die Schwingungen einer Inclinationsnadel in einer beliebigen Verticalebene abhängen, dem Cosinus des Winkels proportional sind, welchen diese Ebene mit der Ebene des magnetischen Meridians einschliesst; und 2. die Beobachtung, dass eine Declinationsnadel, nachdem sie ganz genau horizontirt ist, in allen Lagen, wenn sie frei schwebt, horizontal bleibt.

[13]) S. 54. Von den bei dieser Rechnung benutzten Zahlen stimmen zwei mit den in der Tabelle der S. 53 gegebenen Zahlen nicht ganz überein. Es liegt wohl ein Versehen vor. Rechnet man mit den Zahlen der Tabelle auf S. 53, so erhält man für m die 3 Werthe: 2,53, 2,78 und 3,66, im Mittel 2,985. Uebrigens hat sich im Original auch in jene Tabelle ein Druckfehler eingeschlichen, indem für den 75. Hygrometergrad die Wassermenge zu 7,295 angegeben ist, während sie nach *Saussure*'s Tabellen 7,205 ist. Das citirte *Saussure*'sche Werk hat den Titel: »Essais sur l'hygrometrie« und ist 1783 in Neuchâtel erschienen.

[14]) S. 64. Im Original lautet die Definition von a: $a = \dfrac{bN}{MN}$; das ist jedoch, wie unmittelbar zu ersehen, mit der folgenden Gleichung: $nm = ax$ nicht verträglich. Die Rechnung, die in den nächsten Zeilen durchgeführt wird, ist in ihrem Gedankengange nicht klar, wenn auch das Ergebniss verständlich ist. Ebenso muss es bei der auf S. 65 folgenden Weiterführung der Rechnung befremden, dass im Laufe der Formelentwicklung der Factor 2 in Fortfall kommt. Doch haben diese Berechnungen heute keine Bedeutung mehr, da die Auffassung des ganzen Vorganges sich geändert hat. (Vgl. die folgende Anmerkung.)

[15]) S. 68. So scharfsinnig die Gesetze des Elektricitätsverlustes von *Coulomb* in dieser 3. Abhandlung untersucht worden sind, so können doch die von ihm entwickelten Anschauungen über die Ursache dieser Erscheinung heute zum grössten Theil nicht mehr als zutreffend anerkannt werden, ganz abgesehen von den verkehrten Vorstellungen seiner Zeit von einer Affinität der

Bestandtheile der Luft zum Wasserdampf, von einer Adhäsion des Wasserdampfes zur Luft u. dergl. (S. 56 und 57). Hinsichtlich des Elektricitätsverlustes durch die Luft haben die Versuche der neueren und neuesten Zeit zu der Ansicht geführt, dass die Luft selbst oder ihr Wasserdampf dabei nicht betheiligt sein können; denn die Gase als solche scheinen nicht die Fähigkeit zu haben, elektrische Ladung in sich aufzunehmen und fortzuleiten; jener Elektricitätsverlust kann also nur von den in der Luft schwebenden Staubtheilchen, bez. den an ihnen condensirten Wassertröpfchen herrühren. Auf die Veränderlichkeit dieses Factors dürften sich dann auch die von *Coulomb* (S. 55) hervorgehobenen Verschiedenheiten des Elektricitätsverlustes bei gleichen Temperatur- und Feuchtigkeitsverhältnissen zurückführen.

Ebenso wird der Elektricitätsverlust durch die Stützen heute anders behandelt. Nach *Warburg* (*Pogg.* Ann. 145, 8, 578, 1872) rührt nämlich die anfängliche Stärke des Elektricitätsverlustes (vgl. oben S. 50) davon her, dass die Stützen selber allmählich elektrisch werden, u. zw. in doppelter Weise: erstens verbreitet sich eine gewisse Elektricitätsmenge allmählich über die Oberfläche, ein Vorgang, zu dessen Berechnung die Gesetze *Ohm*'s über die Ladungszeit herangezogen werden könnten; zweitens aber kommt jenes scheinbare Verschwinden von Elektricität in Betracht, welches bei Condensatoren als Eindringen in das Dielektricum bezeichnet wird, und welches die Rückstandsbildung bedingt; eine derartige Rückstandsbildung hat *Warburg* thatsächlich bei seinen Versuchen beobachtet. In beiden Beziehungen erreichen die Stützen nach einiger Zeit einen stationären Zustand: sie sind gewissermaassen mit Elektricität gesättigt; und von diesem Augenblicke an ist der Verlust-Coefficient (m in der *Coulomb*-schen Gleichung $\delta = De^{-mt}$ S. 50) constant, auch für grössere Ladungen. Er ist dann bei guten Isolatoren mit trockener Oberfläche gering gegen den Coefficienten der Zerstreuung durch die Luft. Um daher die letztere zu messen, verfährt *Warburg* so, dass er die Kugeln vor dem Versuche längere Zeit hindurch elektrisch geladen bleiben lässt. Diese Auffassung unterscheidet sich, wie man sieht, wesentlich von der von *Coulomb* gegebenen Darstellung.

Hinsichtlich weiterer Arbeiten über den Elektricitätsverlust siehe *Wiedemann*'s Elektricität. Bd. I, (1882), S. 50 u. Bd. IV. (1885) S. 602 u. ff.

[16]) S. 77. Es ist offenbar, wie aus dem Vergleich mit dem

Folgenden hervorgeht, ein Druckfehler; wenn im Original an dieser Stelle électricité statt élasticité steht.

[17]) S. 78. Die wichtige Thatsache, dass die Elektricität im Gleichgewichtszustande nur auf der Oberfläche der Körper sich befindet, war vor *Coulomb* schon von Anderen durch verschiedene Experimente bewiesen worden, am genauesten 1772 durch *Carendish*, wie aus seinen erst neuerdings veröffentlichten elektrischen Untersuchungen zu ersehen ist. *Cavendish* hat aber nicht bloss den Versuch in seiner klassischen Form — mit zwei hohlen Halbkugeln, die eine Vollkugel umschliessen — angestellt; sondern er hat auch bereits in viel strengerer Form, als es *Coulomb* in der vorliegenden Abhandlung thut, den Nachweis geführt, dass aus dieser Thatsache auf das Kraftgesetz vom umgekehrten Verhältniss des Quadrats der Entfernungen mit Nothwendigkeit geschlossen werden muss. Er berechnete nämlich seinen Versuch unter der Annahme, dass die Kraft umgekehrt proportional mit r^{2+q} wäre, und fand aus seinen Beobachtungen, dass q jedenfalls kleiner als $\frac{1}{50}$ sein müsste. Dieser *Cavendish*'sche Versuch ist der sicherste Beweis für das *Coulomb*'sche Kraftgesetz geworden. Bei einer neueren Wiederholung dieses Versuches hat man die Genauigkeit so weit zu steigern vermocht, dass man sagen konnte: q kann nicht grösser als $\frac{1}{21600}$ sein. Vergl. hierzu *Maxwell*, Lehrbuch der Elektricität und des Magnetismus, Deutsch von *Weinstein*, I, S. 79—85.

Leipzig, März 1890.

Walter König.